"十三五"国家重点出版物出版规划项目

新时代学生发展核心素养文库(初中卷)

认识自我

曹 凯 编著

华东师范大学出版社

·上海·

图书在版编目(CIP)数据

认识自我/曹凯编著. —上海:华东师范大学出版社,
2018
(新时代学生发展核心素养文库. 初中卷)
ISBN 978 - 7 - 5675 - 8252 - 1

Ⅰ.①认… Ⅱ.①曹… Ⅲ.①成功心理−青少年读物
Ⅳ.①B848. 4 - 49

中国版本图书馆 CIP 数据核字(2018)第 204577 号

新时代学生发展核心素养文库(初中卷)

认识自我

总 主 编　夏德元
编　　著　曹　凯
策划编辑　王　焰
责任编辑　舒　刊
特约审读　马澜兮
责任校对　林文君
装帧设计　高　山

出版发行　华东师范大学出版社
社　　址　上海市中山北路 3663 号　邮编 200062
网　　址　www.ecnupress.com.cn
电　　话　021 - 60821666　行政传真 021 - 62572105
客服电话　021 - 62865537　门市(邮购)电话 021 - 62869887
地　　址　上海市中山北路 3663 号华东师范大学校内先锋路口
网　　店　http://hdsdcbs.tmall.com

印 刷 者　常熟市大宏印刷有限公司
开　　本　700×1000　16 开
印　　张　7.25
字　　数　93 千字
版　　次　2020 年 12 月第 1 版
印　　次　2020 年 12 月第 1 次
书　　号　ISBN 978 - 7 - 5675 - 8252 - 1
定　　价　28.00 元

出 版 人　王　焰

总序

核心素养（Key Competencies）概念最早见于世界经济合作与发展组织（OECD）在 1997 年 12 月启动的"素养的界定与遴选：理论和概念基础"项目。经过多年深入研究后，OECD 于 2003 年出版了报告《核心素养促进成功的生活和健全的社会》，正式采用"核心素养"一词，并构建了一个涉及人与工具、人与自己和人与社会三个方面的核心素养框架。具体包括使用工具互动、在异质群体中工作和自主行动共三类九种核心素养指标条目。

中国学生发展核心素养于 2013 年 5 月由教育部党组委托北京师范大学牵头开展研究。2014 年 4 月，在教育部印发的《关于全面深化课程改革落实立德树人根本任务的意见》中，确定了"核心素养"的重要地位。其后，在教育部的指导下，成立了由上百位专家组成的课题组。在深入研究和征集社会各界意见的基础上，2016 年 9 月，专家组正式发布了中国学生发展核心素养的框架和内涵。

按照这个框架，核心素养主要指"学生应具备的，能够适应终身发展和社会发展需要的必备品格和关键能力"。中国学生发展核心素养，以科学性、时代性和民族性为基本原则，既考虑了中国社会各界的期待和要求，同时也借鉴了世界各国关于核心素养的研究成果，以培养全面发展的人为核心，分为文化基础、自主发展、社会参与三个方面。综合表现为人文底蕴、科学精神、学会学习、健康生活、责任担当、实践创新六大素养，具体细化为国家认同等十八个基本要点。

2019 年 2 月，国务院印发的《中国教育现代化 2035》中指出："完善教育质量标准体系，制定覆盖全学段、体现世界先进水平、符合不同层次类型教育特点的教育质量标准，明确学生发展核心素养要求。"这说明学生发展核心素养的培养，已经进入国家决策层的视野，成为中国未来人才培养质量整体提高的必然要求。

近年来,围绕中国学生发展核心素养的内涵、外延、培养目标、培养途径等宏观问题,以教育界为代表的各界有识之士展开了广泛而深入的研究,发表了一系列颇有新意的理论成果,并在实践层面做出了可贵的探索。但是,不容忽视的现实是,系统阐释核心素养各个基本要点的基本思想、具体内容、培养途径的著作罕有问世;而能结合培养对象的年龄特点、心理特征、知识背景、社会阅历和培养目标等诸要素,可供家长、教师和学生共同阅读、参照实施的深入浅出的普及读物更是付之阙如。为此,我们特策划组织对学生发展核心素养各个基本要点素有研究、思考和实践经验的高等院校、教育科研机构和中小学优秀教师,共同编写了这套丛书。

本丛书围绕核心素养课题组提出的三个方面六大核心素养诸基本要点,分小学、初中和高中三个阶段,每个阶段针对学生年龄特点,分别按照不同要点设计选题,首批推出三十余种图书。

关于丛书体例,策划者并未做划一的规定;但为体现这套书的总体定位,我们把丛书的撰写要求提炼为四个关键词:

一、发展。以有利于学生人格健全和全面发展为宗旨,不局限于知识的传输,而是着眼于学生的终身发展,把知识积累和能力成长、社会参与、人生幸福结合起来。

二、跨界。跨越学科界限,面向学生、家长、教育工作者等多类读者,尽量就一个方面的问题从多角度展开叙述,使内容更加丰满。

三、启蒙。针对中国教育中存在的现实问题和困惑进行启蒙式的讨论,启发学生、家长、教育工作者反思,解决学生、家长、教育工作者在现实中遇到的困惑,引导学生、家长共同成长、进步。

四、对话。体现对话精神,作者与读者通过文字媒介进行平等对话交流。写作时心里装着读者,让读者阅读时能够感到是和作者在对话,让读者感受到作者的体温和呼吸。为体现这种精神,可以设置问答环节,可以采用对话体,也可以用生活中的真实事例进行阐发。

丛书策划方案定型后，得到上海市委宣传部和国家新闻出版署的高度重视和大力支持；选题列入"十三五"国家重点出版物出版规划项目后，数十位作者殚精竭虑，深入调研，认真撰稿；作者交稿后，出版社十多位编辑精益求精、全心投入，与作者密切联系，反复讨论，改稿磨稿。整个项目前后历时三年，于今终于可以和读者见面了。

希望本丛书的问世，能给广大学生、家长、教育工作者一些切实的帮助，为新时代中国人才培养工作贡献一份力量。对于丛书中可能存在的问题和欠缺，欢迎读者提出批评建议，以便在图书再版时改进。

目录

第一章　我是谁

一、一个 15 岁女孩的自我描述

"我是谁?"这好像是个挺奇怪的问题。

你有没有在人生某个阶段对它特别着迷? 在窗前托着腮钻牛角尖地想到,背着书包走在灯火阑珊的回家路上若有所思地想到,或者在某个瞬间,它像闪电般掠过你的脑海,又滑入一片混沌的黑暗里消失无踪?

你有没有尝试过描绘自己? 用一段文字、一幅画、一张照片、一首诗、一支歌、一段舞蹈,或者一个简单的比喻? 描绘自己是什么感觉? 是触摸到真实的自己,还是觉得有点不着边际?

有个 15 岁的外国女孩尝试用文字描述自己,她是这样写的:

"我是个什么样的人呢? 这个问题很复杂! 我敏感、友好、外向、宽容、受人欢迎,尽管我也可能很害羞、局促不安,甚至有时是可憎的。可憎! 我希望自己永远是友好和宽容的,那正是我想成为的人。如果不是那样,我会感到失望。"

"我有责任感,甚至偶尔还比较用功;但另一方面,我又是个偷懒的人,因

1

为，如果你太勤奋，你就不会受欢迎。在学校里，我通常不会很勤奋。我是个快乐的人，特别是和朋友在一起的时候，有时候甚至有点吵闹。在家里，在父母身边的时候，我有点焦虑，因为他们希望我所有科目都得 A。这不公平！我关心该怎么才能得到更好的分数，但这样又会在朋友面前丢脸。所以，我在家里常常会压力过大，或者爱挖苦人，因为爸妈常常挑我的刺。但我真不明白我怎么能变得这么快？我的意思是，我怎么能在这一分钟开开心心，下一分钟又忧虑万分，接下来还会挖苦人？哪一个是真的我？"

"有时候我觉得自己很假，尤其是和男孩在一起的时候。比方说，我认为某个男生可能有兴趣约我出去，我就会试着表现得很特别，像麦当娜那样，我会表现得轻浮又爱玩乐。所有人，我是说其他所有人就会像看怪人一样看着我。我有时会局促不安，觉得尴尬。然后，我又变得极端内向，我不知道我到底是谁！我只是试着给别人留下深刻印象，还是为了别的什么呢？"

"但是无论如何，我并不是非常在乎他们的想法，其实是我不想在乎。我只想知道我的密友会怎么看，和他们在一起的时候，我可以是真实的自己。和父母在一起的时候，我就不可能是真实的自己，密友们理解我。父母怎么会知道一个十几岁的人是什么感受呢？他们仍然像对待小孩那样对待我。至少在学校里，人们会更像对待成人那样对待我。"

"但这也令人困惑，我是说，小孩和成人，我是哪个呢？这很恐怖，因为我根本不知道自己长大后想成为什么样的人。我的意思是，我有很多想法。我和我的朋友雪莉谈起长大以后要不要当空姐，或者教师、护士、兽医、女演员。我知道我不想当女招待或者秘书。但你怎么做出这些决定呢？我真的不知道。我的意思是，我想了很多，但还没下决心。有时候我真希望能不受自己影响。"[1]

---

[1] ［美］约翰·桑特洛克著，寇彧等译，《青少年心理学(第 11 版)》，人民邮电出版社，2013 年 7 月，第 157 页。

读完之后,你了解这个女孩是谁吗?好像了解,又好像不了解。我们发现,要定义自己是谁似乎挺困难的。我们仿佛看到一个女孩正对着镜子凝视自己,镜子里的形象有点模糊,好像镜面上浮着一层水汽。她端详着自己的脸,鼻子挺俏皮的,但是上面的雀斑让她有点不满。眼睛挺温柔的,但最好再大一点。她觉得自己整体上挺漂亮的,再仔细看,又觉得其实长相很一般。描述自己大致就是这种照镜子的感觉吧。

在上述描述里,女孩发现自己具有一些特质,同时又具有另外一些相反的特质;自己和一些人在一起是这样,和另一些人在一起又变成另一个样子;自己渴望一些东西,同时又排斥它们;不知道自己何去何从,也不清楚自己将来想变成什么样。

不过,我们感觉女孩是在以一种坦诚的态度描述自己的感受,不夸大,不修饰,也不是为了让任何人满意。她努力呈现自己内心的各个部分,哪怕它们看起来似是而非、互相抵触。于是,这段充满矛盾和混乱的文字留给我们一种清晰真实的印象,尽管它并不能清楚地定义这个女孩是谁,我们也不觉得这些自相矛盾有多么不可理喻。

这究竟是怎么回事?

"认识你自己"是德尔斐神庙的希腊神谕,也是一个值得毕生探索的课题。

二、解忧杂货店给了我们什么

日本作家东野圭吾有部畅销小说叫《解忧杂货店》,说的是有一个浪矢杂货店,店主浪矢雄治老爷爷提供一项服务,就是免费解答人们遇到的各种疑难问题。为了保密,提问者可以以写信的方式提问,把信投进杂货店卷帘门前的信箱投递口。老爷爷收信之后,会认真阅读并回复,将回信放在店后的牛奶箱里。老爷爷过世很多年后,有三个抢劫犯为了避开警察的追捕,某天深夜躲进了废弃已久的杂货店。恰巧那一晚,杂货店的时光通道开启了,三个不速之客不断收到生活在

33 年前的人写来的咨询信。三人的文化程度并不高,当时也没有助人的愿望,只是出于好奇和无聊,他们以有点粗暴的态度代替浪矢先生回复那些信件。信件不断往来,三人逐渐卷入其中,最终帮助来信者解决了人生中面临的各种疑难问题。

听起来有点不可思议!劫犯三人组究竟是怎么做到的?他们为来信者提供了什么样的帮助?我们来看看其中一个例子:

月兔是一个女运动员,正在备战下一届奥运会。她有一个深爱她的男友,男友全力支持着她的梦想,也为她付出了很多。然而,男友突然得了癌症,没有治愈的希望,生命大约只剩半年。他们向亲友隐瞒了男友的病情。男友嘱咐月兔,不要挂念他的病情,全力投入训练。月兔内心非常矛盾,她向男友提出自己放弃训练、陪伴照顾他的想法,被男友拒绝了。男友悲伤地告诉她,她能参加奥运会就是他最大的梦想,不要轻易放弃。月兔虽然勉强坚持训练,但注意力无法集中,成绩也不理想。她想放弃比赛,但男友的悲伤表情又让她迟迟无法下定决心。迷茫中,月兔给杂货店投来了咨询信,请求指点。

三人组抓耳挠腮地想办法,在回复中建议月兔将男友带到训练地休养,后来又建议她用手机和男友视频通话。鉴于现实条件的限制,这些建议都被月兔一一驳回了。因为月兔根本不知道什么是手机,三人组终于意识到,她其实是生活在过去的人。为了搞清楚月兔生活的具体年代,三人组写信询问月兔和男友的兴趣爱好和共同活动,打算从中寻找线索。月兔在回信中谈到男友也曾是奥运会候选选手,还谈到和男友一起看的电影和喜欢的音乐组合。

三人组根据这些信息,推测出了月兔生活的年代,同时意外地发现,历史上日本抵制了次年的奥运会。这意味着,无论月兔多么努力,都不可能参加奥运会比赛。因为没有办法说明真相,三人组在回信里只含糊地写道:"如果你真的爱他,就应该陪他到生命最后一刻,他内心也是这样期盼的。"

这封回信深深刺入了月兔的心,她没有想到,浪矢先生会给出这么干脆的回答。她觉得自己没有必要再犹豫了,然而男友坚持的态度让她无法说出放弃的想法。她不确定如果自己放弃奥运会，男友会不会因为极度失望导致病情恶化。

着急的三人组在回信中告诉月兔，她的男友错了，奥运会只是一个大型运动会而已，为了它，浪费和恋人在一起的所剩不多的时间太愚蠢了。他们请月兔把男友得病的事告知亲友，他们一定会站在月兔这边支持她。三人组再三恳请月兔相信他们的话。

月兔回信说，浪矢先生的直言让她感到紧张，她相信浪矢先生说的或许是对的，奥运会其实是微不足道的。但是对他们来说，下决心放弃竭尽全力拼搏多年的梦想很困难。当男友听说她在积极训练时，发自内心地高兴。月兔不知道哪个选择才是真正为了男友好，她越想越迷茫。

恼火的三人组又回信支招，让月兔假装怀孕，用拥有自己孩子的梦想去替代男友原来的奥运会梦想，激励他努力活下去。月兔回信说很佩服这个点子，但是她不擅长演戏和说谎，如果随着时间的推移谎言败露，她会承受不了男友的失望，所以拒绝了这个建议。她很感激浪矢先生数次费心指点，但终于意识到这个问题终究得由她自己回答，所以请浪矢先生不用再回信了。

气急败坏的三人组回信破口大骂，说月兔是个不能听从好主意的傻瓜。执着于奥运会没有意义，迷茫本身也没有用。最后，他们负气地写道："不过算了，你爱怎样就怎样吧。照你自己的意思去做，然后使劲后悔吧。"

很久以后，他们收到了月兔的最后一封回信，信里写道：

结果，她没有入选当年的奥运会，而且日本也正式决定抵制奥运会。而在这一切发生之前，男友就病逝了。临终前，他对月兔说："谢谢你带给我的梦想。"直到生命最后一刻，男友都憧憬着月兔登上奥运赛场。料理完后事，月兔再次投入训练，虽然最终没能参加奥运会，她并不觉得后悔。

她向浪矢先生坦陈，当初写信咨询时，她内心已经倾向于放弃奥运会。除了因为男友身患绝症，另一个原因是她在训练中遇到了瓶颈，感受到压力和厌倦。陪伴男友到生命最后一刻也成为了她摆脱艰苦运动生涯的合理借口。男友察觉到她的怯懦，才一再坚持要她继续训练。种种思绪缠绕心头，月兔渐渐不知道自己真正想要的是什么了。

三人组一再给她放弃奥运会的坚定建议，使她受到强烈冲击，她发觉自己的想法并不纯粹，而是狡猾得多，丑陋得多，也卑微得多。三人组的强硬态度被月兔理解为一种含有深意的考验，考验奥运会在她心目中的分量。这时她意识到，自己迟迟无法下定决心是因为在内心深处，自己是向往奥运会的，那是她儿时就有的梦想，无法轻易舍弃。从那以后，月兔不再迷茫，重新投身到训练中。虽然最终没能参加奥运会，但她得到了比金牌更有价值的东西。

在这个故事里，解忧杂货店的建议是怎么歪打正着帮到月兔的呢？我们来回顾一下整个过程。

初次求助时，月兔感到迷茫，是因为她并不知道是否应该留在得病的男友身边，而且对男友健康的担心正在影响她的训练状态。这里有一个两难选择：（1）坚持训练，放弃男友；（2）陪伴男友，放弃训练。乍一看，男友的绝症将月兔摆在了梦想和爱情的冲突之间。

杂货店的强硬建议逼迫月兔去检视，除爱情外，是否还有其他因素在推动她放弃奥运会。当月兔能诚实面对自己的时候，她发现了一个更重要的因素，就是自己在遭遇瓶颈时产生的退缩想法。这是她之前没有意识到的，这时她对自己的理解深入了一层。于是，两难选择变成了：（1）顶住压力，继续训练；（2）接受瓶颈，放弃训练。

杂货店继续说服月兔放弃，再度对她形成逼迫，令她进一步发现，其实自己对奥运会很难割舍，进而明白了这个梦想在自己内心的地位，而为梦想奋斗本身比获得金牌重要得多。这是更深入一层的自我理解。了解自己内心最深处的想法之后，迷茫一扫而空，月兔变得非常坚定。

整个讨论是一个层层深入的过程。尽管三人组回信的态度有点粗暴，但自始至终他们都非常关心月兔的命运，也努力和她一起探讨各种选择的可能性。正是他们的真诚陪伴、建议和面质帮助月兔渐渐理清了自己的纷乱感受，进而更加了解自己。

月兔的故事好像告诉我们：在人生重大问题上无法做出抉择，往往是因为我们不够了解自己。一旦清楚自己内心深处的想法和感受，抉择就会变得相对容易。了解自己不是一件很容易的事，常常需要足够的耐心、勇气、诚实，有时候还需要他人的耐心陪伴作为催化条件。

三、我是谁

在当代西方国家，人们遇到困扰时习惯走进心理治疗室，通过与心理治疗师谈话寻求帮助。心理治疗有点类似解忧杂货店做的事，帮助人们澄清内心千头万绪的思虑，澄清迷茫、痛苦、挣扎，也澄清那些没有意识到的隐秘想法。

卡尔·R·罗杰斯是一位著名的美国心理学家和心理治疗师，他对于人的自我形成有着非常独特的见解。从事数十年的心理治疗工作后，他写了这么一段话：

在芝加哥大学咨询中心的临床工作中，我有机会与那些有着各种各样个人问题的人们相处。在这些人里边，有担心考试不及格的大学生；有被婚姻问题困扰的家庭主妇；有感觉自己已经接近精神崩溃或错乱的边缘的成年男人；有把大量时间用于幻想而在工作上毫无效率的责任心很重的职业人士；有深信自己能力不足而绝望无助，从而完全陷入瘫痪状态的在班级中名列前茅的勤奋学生；有因为孩子的行为而备感苦恼的家长；有感觉自己被黑色的抑郁情绪以强烈的魔力莫名打垮的时髦女孩；有担心生命和爱情已经与自己擦身而过，觉得自己出色的研究生成绩只不过是一种可怜的补偿的中年女性；有不知为什么确凿地相信某种强大的阴险势力正在密谋对自己进行迫害的男子汉……我可以一口气不停顿地列举出人们带给我的千奇百怪的问题。

这些问题涉及我们生活经验的方方面面。然而仅列出这类清单是不够的。作为一个咨询师，我知道，在第1次晤谈中叙述的问题在第2次或第3次晤谈中会变成另一个样子，而到了第10次晤谈，它会变成完全不同的另外一个问题。

不管怎样，我已然确信，尽管这些个人问题纵横交错，呈现出令人困惑的多重性和复杂性，对于所有的当事人来说实际上可能只是一个问题……实质上每个人都在问："我到底是谁？我怎样才能接触到真正的自我？在我所有行为底下的那个自我？我如何才能成为我自己？"[1]

罗杰斯说的究竟是不是真相呢？难道长大成年后，我们仍然有可能不知道自己是谁，就像他描述的形形色色来到咨询室的人们？

罗杰斯的话引起的另一番疑惑可能是：难道就像月兔那样，我们所有的烦恼真是源于并不清楚自己是谁？这样的说法是不是太武断了？难道烦恼不是常常来自于一些我们最熟悉的现实状况么？比如长相不出众、身体不健康、成绩不理想、家庭经济条件不好之类的，或者是和父母关系紧张、恋人分手了……这些烦恼怎么会归结到"我是谁"这样一个抽象的命题呢？

也许我们可以从另一个角度理解这个问题：同样的外部现实在不同的人那里，也许会引发不同的感受。长相普通固然不会让人欢欣鼓舞，但它对每个人的影响程度是不同的。有些人明明长相平凡，我们却觉得他很有魅力，很愿意和他待在一起。有些人明明外貌出众，我们一经接触却想避而远之。这又是由什么决定的呢？好像由我们对这个人的感受决定。有意思的是，就像世界上没有两片相同的树叶，我们对不同的人有着不同的感受，每个人对自己的感受也不尽相同。

---

[1] ［美］卡尔·R·罗杰斯著，杨广学、尤娜、潘福勤译，《个人形成论——我的心理治疗观》，中国人民大学出版社，2004年7月，第99页。

这些感受好像能够使我们摆脱一些外在条件的制约，比如相貌、健康、能力、经济条件，而达到更深的地方。

也许罗杰斯的重大发现就是：一个人最终极的感受就是关于"我是谁"的感受，日常生活中林林总总的感受仅仅是这个终极感受的衍生物，终极感受通过千变万化的细微感受呈现着自己，通过无限多的与外在现实的碰撞和与他人的互动呈现着自己。

台湾有个很有意思的名人叫蒋勋，他画画、写诗、写书，也在大学执教。有一回，他帮朋友代三个星期课，上课对象是大学舞蹈系大一的学生。蒋勋很想了解这些学生，就请他们对着镜子画自画像，然后准备两分钟的自我介绍。学生们不是美术专业的，自画像画得不是很好，但蒋勋其实只是希望他们有机会在镜子里看看自己。结果在课堂上，几乎有一半学生最后都哭了。原本限定两分钟的自我介绍，最后都停不下来。有一些学生上台以后，泪水在眼眶里打转，却一句话也不说。课后，好多学生告诉蒋勋，这是自己第一次对着镜子好好看自己。当时，蒋勋被深深触动了。他想，如果一个人从来没有好好地在镜子里看过自己，他对自己是非常陌生的，自己的美或丑、残酷或温柔都不了解，这是多么危险的一件事。

如果是这样，那么每次遭遇的烦恼看似偶然，但实际上只是"我是谁"这个终极感受的表达素材。这是不是意味着一旦弄清"我是谁"，现实烦恼对我们的影响会迎刃而解，人生的方向也会变得明确而坚定呢？

四、遇见未知的自己

"我是谁"这个问题可能贯穿人的一生，在不同阶段具有不同的意义。而当个体进入青春期的时候，对自己身份的困惑达到了一个顶峰。

在青春期，个体开始经历急剧的生理变化。大约在 12 岁左右，第二性征日益明显：男孩长出胡须，汗毛变粗，甚至长出胸毛，喉结突出，声音低沉，肩臂和上肢结实有力,给人粗犷强壮的感觉。女孩身体苗条,皮肤细腻,乳房发育,声音尖细,具有女性柔美的曲线体态。青少年被时间推搡着,还没搞清楚自己身上发生的一切,就猝不及防地从童年一头扎入青少年,进入人生最迷茫的时期。

这时,青少年眼中的未来充满未知和不确定。自己究竟是孩子还是成人?自己该何去何从?是一往无前地在成人世界跋涉,面对茫茫未知,还是退回到儿童世界,生活在安全舒适的庇佑之下?这样的矛盾和挣扎在内心此起彼伏。比如,一个在海外求学的中国学生可能会为自己远赴异国的独立性感到自豪,同时又为自己没有收入、还要依赖父母的经济支持而愧疚。

很多文艺作品呈现了青春期这种突如其来的生理和心理变化。比如电影《大鱼海棠》,讲的是很久以前,这个星球上只有一片汪洋大海和一群古老的大鱼。在与人类世界平行的空间里,生活着另一个族群,他们的天空与人类世界的大海相连。族群里有个女孩名叫"椿"。16 岁生日那天,椿和其他同龄孩子一起举行成人仪式,离开居住的神之围楼,变作海豚到人间巡礼,结果椿被大海中的一张网困住。一个人类男孩为了救椿落海而死。为了让男孩复活,椿在自己的世界里养育男孩的灵魂,一条名叫"鲲"的拇指那么大的小鱼。在椿的精心养育下,鲲的身体不断长大,渐渐地鱼缸容不下他了,房间容不下他了,甚至围楼也容不下他了。最终,椿历尽艰难,把鲲带回了人类世界。

如果把椿的故事看作是对青春期的象征,那么完全可以有以下这番解读:

椿的族群所在的空间好像人类的童年世界,充满了幻想和神迹。椿居住的圆形围楼好像妈妈的子宫,孩子生活在里面,安全自由,无忧无虑。而人类世界则象征着现实世界,充满艰难、危险和挑战。成人仪式意味着在孩子面前开启了成年世界的大门。一旦进入成年世界,父母不会时时刻刻陪伴在身边,孩子必须独自面对所有的未知和危险。游向人间的红色鱼群,好比是女生性成熟时的月经初潮。不仅意味着性的觉醒,也意味着一次身份的蜕变。在这个过程中,椿遭遇了现实世界的严酷考验,也和现实世界的角色"鲲"相遇。如果将鲲看作是椿在现实世界获得的新身份,那么鲲的溺死意味着椿成长过程中的第一次挫折。这个时候,椿有两个选择:一是退回到自己族群的世界里安全地度过余生;二是尽力将鲲救活,继续面对未知的挑战。影片里,椿没有放弃鲲,毅然选择了后者。鲲的长大象征着椿对现实的野心和适应能力的成长。直到有一天,她的力量终于强大到可以完全脱离童年世界,进入一个陌生而新鲜的成年世界。

就像《大鱼海棠》里的成年礼,在某些文化里,个体到一定年龄后必须接受一种仪式,这是典型的帮助儿童过渡到成年的仪式。例如,美国西南部的印第安人会把男性青少年单独扔到原始森林中进行斋戒,直到他们自己回来为止。男生回来后,可能会获得一个新名字,并被赋予一个新的成人身份。一些宗教会提供某些仪式,如罗马天主教的坚信礼或犹太教的成人礼,又如泰国年轻男子年届20或在结婚之前要作短期出家。

随着生理上的迅速成熟,青春期经历的重要变化之一是性的觉醒及其心理影响。有朝一日,性冲动闯入青少年内心栖息的平静世界。青少年感受到内在的性欲,也发现异性作为一种新的存在进入视野。青少年开始以好奇的眼光审视自己的身体变化,也惴惴不安地观察异性身体的差异。青少年渴望了解自己应该是什么样的,在异性眼中的自己又是什么样的。他们需要时间去熟悉和适应这些崭新的心理体验。另一部日本影片《你的名字》似乎为青少年的性心理体验做了绝佳诠释。

小山村里住着巫女世家出身的高中女孩宫水三叶。不知从何时起,三叶在梦中会变成一个住在东京的高中男孩。而住在东京的高中男孩立花泷也总在梦里来到陌生的小山村,以三叶的女孩身份过着全新的生活。原来三叶和泷在梦中交换了身份,各自体验着对方的人生。三叶和泷在交换身份后,都对自己的异性身体感到紧张好奇,他们迫切想知道自己身上发生了什么,也尝试熟悉对方生活的世界。在这个你中有我我中有你的新鲜模式中,他们用留言进行沟通,逐渐接近和互相了解。可以说,《你的名字》是对异性性别的确认,同时也是对自己性别的确认。它象征着青春期每个人都会经历的性觉醒和性身份探索。

除性别之外，身处青春期的青少年对于自我的探索也是多元的。像沙漠旅人渴求泉水，青少年渴望抓住任何机会了解自己，也许这就是从星座、血型、气质、人格类型到简单的趣味心理测试都在青少年群体中深受欢迎的原因。青少年在读一段性格描述的时候，常常认真地与对自己的感觉比对，以确认该描述是否准确。

阅读下面这段性格描述，看看与你是否匹配：

> 你很需要别人喜欢并尊重自己。你有自我批判的倾向。你有许多可以成为你优势的能力没有发挥出来，同时你也有一些缺点，不过你一般可以克服它们。你与异性交往有些困难，尽管外表上显得很从容，其实你内心焦急不安。你有时怀疑自己所做的决定或所做的事是否正确。你喜欢生活有些变化，厌恶被人限制。你以自己能独立思考而自豪，别人的建议如果没有充分的证据你不会接受。你认为在别人面前过于坦率地表露自己是不明智的。你有时外向、亲切、好交际，而有时则内向、谨慎、沉默。你的有些抱负往往很不现实。

实验证明，大多数青少年都认为这段文字精准地描述了自己的性格。其实，这是心理学家策划的一个诡计。这是一段放之四海而皆准的性格描述，笼统而带有很强的暗示性。青少年倾向于相信类似描述，也许是因为他们太想确认自己的样子。当一位朋友热切地告诉你本周的星座运势有多准时，或许表示他在用研究星座的方式接近自己的内心。

另外，认同自己的星座、血型、人格类型的同时也意味着认同一个具有相同特征的群体。当个体相信自己属于某一群人，群体就为个体盖上了鲜明的印戳，无论是处女座、理智型人格还是红色性格。这令个体感受到归属，不再孤独或觉得自己异于常人。

五、谁的青春不迷茫

如果联想有关"青春"的词语,第一个想到的词很可能是"迷茫"。青春是一个迷茫的季节,甚至他们身边的成年人也对"迷茫"体会颇深。

在成年人的眼里,青少年常常会做出一些不可理解的行为,比如穿着打扮招摇怪诞。明明是男生却穿花花绿绿的衣服,或留起披肩长发,或把头发剃掉半边,或发型鸡冠似的高高耸起,或把头发染成各种夸张鲜艳的颜色,又在身上纹些稀奇古怪的文身、挂些花里胡哨的配饰。一些孩子不太爱和父母说话,更别说一起出门。在家里,他们多数时候闷声不响,吃完饭就把自己锁在房间,偶尔进出也戴着耳机,一副旁若无人的样子。他们在家里和朋友打电话,习惯神神秘秘地压低声音,好像在搞间谍工作。女生会给日记本上锁,如果怀疑隐私受到威胁,宁愿毫不犹豫地放弃写日记的习惯。他们热衷在微信、QQ之类的空间发布状态,而屏蔽父母是必须履行的一道程序。他们喜欢使用一些父母陌生的网络用语,而且这类语言新陈代谢很快。他们中的大多数有一些爱好,打游戏、看动漫、弹吉他、玩滑板,或者崇拜某个偶像明星,无怨无悔地花光零用钱购买游戏点卡和明星海报。他们常常三五成群,形影不离。有时候,他们会带着嘲弄的口气谈论成年人的世界。青春期的男生容易被激惹,别人一句漫不经心的话就会让他们脸红脖子粗,男生之间发生冲突也是家常便饭。

成年人不明白,他们的孩子从什么时候开始变得这么不"乖"?

其实,从另一个角度看,也许这一切都是一个自然的过程,有它的意义。所有这些令人费解的行为都是对抗青春期"迷茫感"的努力。

青少年的成长不仅是生理成熟的过程,也是一个了解自己究竟是谁的过程,学习逐渐信任自己力量的过程。就像第一节里那个15岁的女孩,青少年时期的个体特别想搞清楚:自己是谁?其他人对自己的认识和自己对自己的认识是一致的吗?清晨醒来,看着镜中的自己,青少年可能都会发觉自己变得陌生了,新鲜、迷茫、兴奋、担心这些感觉如影随形地跟随着他们。他们无法忍受这种不确定，他们需要在自己和别人之间划一条清晰的分割线，明确感受到自己的存在。

外部造型的标新立异有力地呈现了这种努力。色泽鲜艳的头发、异想天开的装束帮助个体在人群中脱颖而出。当别人看到个体时，个体也从别人眼中看到了自己。显眼的外在勾勒出鲜明的内在轮廓，就像"舞动治疗"中的轮廓线。

舞动治疗是一种特别的心理干预方式。舞动治疗师带领团队进行舞蹈，运用舞蹈活动促进队员充分了解自己的情绪和思维，达到心理健康的状态。舞动治疗中有个常见动作，要求队员跟随音乐节奏，用手指沿着自己的身体外侧画轮廓线。治疗师会告诉队员画完轮廓线之后，无论独舞、与人对舞还是群舞，都要将那条轮廓线牢记在心。轮廓线是自我边界的典型象征，通过记住轮廓线，个体感受到自我和他人的区别。

同样道理，与父母保持距离也是青少年对抗迷茫感、确立存在感的方式。他们害怕被捆绑在父母身边。来自父母的规劝、指导、教育有时让他们恐惧，担心自己被爱的波涛瞬息淹没。唯一安全的策略是撤离，退回自己的世界，远离父母的影响，不受打扰地体验自己。有时候，青少年生气是因为父母不给他们撤离的机会，因为父母坚定不移地逼近，一个接一个摧毁他们辛苦构筑的堡垒。有时候，青少年生气是因为发现自己的弱小，不得不像小孩子那样继续依赖父母的支持和庇护。

青少年擅长在现实世界之外打造一个属于自己的、跨越现实和幻想的世界。这个世界和父母所在的世界截然不同。在这个世界里，有热血的二次元画面点燃生命力，有多愁的音乐慰藉善感的心灵，有海阔天空的玄幻小说承载不可一世的幻想。

2014 年，微软收购了瑞典游戏公司开发的沙盒游戏《我的世界》，这款游戏迅速风靡全球。《我的世界》没有剧情，玩家在游戏中可以自由建设和破坏，通过对元素像搭积木一样组合与拼凑，制作小木屋、城堡甚至城市。玩家可以通过玩这款游戏体验上帝一般的感觉。《我的世界》的成功正是因为它提供了在虚拟世界中进行个性化创造的机会,充分满足了青少年营建独立自主的世界的心理需求。

青少年还会通过组建同龄小团体进行自我确认。小团体成员彼此贴近,相互印证彼此的成长。这种交相辉映和童年时与父母的融合完全不同,是只会在青春同龄人之间发生的纯粹感受。青春期小团体是人生中一种独特的存在,付出和接受、确认和被确认交织在一起,安抚着迷茫的青春。随着青少年个体独立性的增强,小团体终有一天会面临分崩离析的命运。

日本作家村上春树很擅长描写青春期心理。在小说《没有色彩的多崎作和他的巡礼之年》中,叙述了一个高中五人小团体聚集和解体的故事。村上春树借团体成员青之口说道:"我们在某种意义上是最完美的组合,就像五根手指一样。现在我还是常常这样想。我们五个人合力,自然弥补了各自的不足,毫无保留地拿出最好的部分,慷慨地和大家分享。那种情形在我们的人生中大概不会有第二次了,仅此一次。我觉得就是这样。现在我有了自己的家庭,也就理所当然地爱他们。不过老实说,哪怕是亲人,我也无法像当时那样,以一腔不掺杂质的纯粹的感情对待他们。"

"青春有太多未知的猜测,成长的烦恼算什么。"青春期的个体就是这样,以各种形式的努力对抗着迷茫感,在自我开辟的世界里不断确认着自己。

六、让人着迷的角色体验

青少年沉迷网络游戏一直让老师和家长很头疼。网瘾也是继酒精、毒品等物质成瘾和赌博、暴力等行为成瘾之后,这个时代催生的新型成瘾。没玩过网络游戏的成年人不能理解,孩子为什么如此沉迷于网络游戏,就算旷课逃学、通宵达旦、伤害健康也在所不惜。

网络游戏对青少年有很多吸引人之处,吸引力之一是角色体验。比如在玄幻网游中,游戏者操作的角色可以投入某个门派拜师学艺,从基础级练起,通过学习新技能,逐渐成长为一代剑侠。该角色还可以和同伴携手仗剑闯荡江湖,或者与异性角色发展一段可歌可泣的传奇恋情。玩这类网游的时候,玩家的身份代入感很强。青少年正处在急需确认自我身份的阶段,网络游戏提供的角色体验天衣无缝地吻合了这个需求。

美国发展心理学家爱利克·埃里克森认为,个体的心理发展贯穿生命的整个过程,从童年、青年一直持续到成年、老年。他将个体一生的发展分为八个阶段,每个阶段包含代表该阶段特征的特殊问题和一对内在冲突。在青少年期,个体的核心冲突是"自我同一性"对"角色混乱"。

青少年时期,不管是否准备好,个体都将从儿童转变为成年人。为了寻找"我是谁"这个问题的答案,青少年进行大量的探索,尝试多种不同角色。比如,一个大学生在第一个学期可能尝试运动员的角色;第二个学期,他可能尝试当摇滚歌手;第三个学期,他又开始信基督教,经常去教堂做礼拜;第四个学期,他又去酒吧尝试成为一名调酒师。所有这些努力都是为了寻找真实的"我"。最终,一些人答出了一系列问题,比如人生中什么是最重要的? 自己的价值观是什么? 自己想要的生活是什么? 等等。他们得到了"我是谁"的答案。另一些人没那么幸运,他们的发展呈现出角色混乱的局面,在没有明确认识自己和生活意义的情况下就仓促进入成年期,往返于各种角色之间,没有稳定的人际关系、工作、生活目标和价值观。

埃里克森把青少年探索"我是谁"的过程称为建立"自我同一性"。自我同一性主要包含几部分内容:自我概念、自尊、社会同一性。自我概念是对自己的理解;对自我概念的感受就是自尊;呈现给他人的自我部分就是社会同一性。

个体通常用自我感受评价其他人物和事件。比如,一个年轻女孩和男友分手后,她会从自我概念的角度评价这件事。如果男孩在她的自我概念中占据重要位置,离开他,她就觉得自己什么都不是,那么分手对她来说就是毁灭性的。如果她在和男孩的交往中具有独立的自我,那么分手就没那么糟糕。可见,个体依据自我感受评价生活事件。只有这些事件对自我感受很重要时，才会对个体产生更好或更坏的影响。如果这些事件与自我感受无关，就不会给个体带来烦恼。比如，如果取得良好学业成绩不是个体的自我概念的一部分，那么成绩差对个体来说就没什么影响。

当评价自己的自我概念时，如果个体喜欢或重视它，就构成自尊；反之，则是缺乏自尊。比如，甲和乙都喜欢存钱，喜欢买便宜货。甲认为自己具有俭朴的美德，他的自尊就较高。乙觉得自己很小气、很吝啬，这样的消费习惯不好，他的自尊就较低。他们同样拥有"节约"这一自我概念，但因为两人对该品质的评价不同，自尊水平也不同。

最后，个体通过社会同一性给他人留下印象。比如，一张身份证件上包含着社会同一性的主要信息：姓名、性别、年龄、家庭住址等。这些特征可以将个体与其他人区分开，是他人结识个体时获得的第一印象。社会同一性还包含很多观念方面的内容，比如个体希望给他人留下什么印象、希望他人对自己产生怎样的期待。如果自我概念与社会同一性不匹配，就会导致个体在人际交往中给人留下虚伪的印象。

埃里克森认为，在一个相对封闭的生活环境中比较容易获得"自我同一性"，比如与世隔绝的土著文化、偏远落后的山区、宗教传统浓厚的家庭。在这种环境里，个体在稳定、单纯的亲属群体中成长，在居住区域里所有人都认识他。个体从一生下来就很确定"我是我父母的孩子""我将一辈子生活在这个地方""我将继承我父亲的职业，完成家族赋予的使命"。在这样的生长环境中，个体的角色定位非常清晰，尽管没有多少选择的余地，但也不必费神质疑自己的身份，思考自己存在的意义，心理上的安全感得到绝对保障。

比如，2017 年有部电影叫《冈仁波齐》，讲的是中国西藏普拉村村民尼玛扎堆在父亲去世后决定完成父亲的遗愿，带着叔叔去拉萨和神山冈仁波齐朝圣。村里很多人怀揣着各自的愿望加入了尼玛扎堆的朝圣队伍，包括即将临盆的孕妇、家徒四壁的屠夫、自幼残疾的少年。这支十一人的队伍义无反顾地踏上了长达2 000多里的朝圣之路。在历时一年的旅程中，他们白天赶路，每行几步伏地叩拜一次，晚上支起帐篷，念经休息，一路上逢山开路、遇水搭桥，经历出生、车祸、死亡种种事件，却始终保持平和的心态，丝毫没有动摇朝圣的信念。这些藏民从生到死都很明确自己的角色，正是埃里克森对同一性阐述的注脚。

相反，现代人所处的生活环境复杂而缺乏个性特征。在这个环境中，人们的价值观更替非常迅速，常常走马灯似的变换理念、工作和住所，个体的衣着、饮食、职业、思想和情感等常常遭人指手画脚，而他人的意见也往往互相矛盾。这种社会文化为个体带来了独特的心理挑战。个体很容易体验到关于"我是谁""在这个混乱的世界里我的位置在哪里"的认同挣扎，而受到最多影响的是象征"文明"前哨的青少年。

七、自我同一性的危机

拿到一张合影相片，你在上面第一眼找的那个人多半是自己。这时，你心里也许会涌起诸多想法：照片没有把你最好的一面展示出来，你平时的笑容比照片上更灿烂；拍照时候的你比现在更胖一点，所以看到照片感觉自尊很受打击；你想知道你的朋友是否喜欢你在照片上的样子。

其实，从婴儿期开始，我们就从周围的世界中辨别自我，并在毕生发展过程中不断建构自我，评价自我，向他人展示自我。我们也不断挑战和改变着自我印象。

比如第一节中那个描述自己的 15 岁女孩，她不能理解自己怎么可以在一个时刻感到开心，下一个时刻又变得焦虑，之后又很快变得爱挖苦人。她也提到情境变化与自我感觉的关系，发现自己拥有很多不同的自我，每个自我在特定的角色或情境中会有一定程度的变化。不同的角色对青少年构成了不同的选择。

学者詹姆斯·玛西亚把青少年在多个有意义的选项之间进行探索的时期称为"自我同一性危机"期，把个体对自己将来要做的事所付出的个人投入称为"承诺"。他认为，埃里克森所说的同一性发展包含了四种状态：

1. 同一性弥散：个体处于懵懂状态，还没有经历同一性危机，也没做出任何承诺，没有选定自己的职业和意识形态，也常常对这种事情不感兴趣。

比如，13岁的女孩小A每天除了上学放学日常作息之外，对自己的价值观和人生定位都没有认真地思考。她认为这些问题虚无缥缈，职业规划之类的事也离自己很遥远。听到朋友们讨论这些话题时，她感觉索然无味。

2. 同一性早闭：个体已经做出了承诺，但是并没有经历同一性危机。这种状态多发生在父母将承诺传递给子女的情况下，通常是父母以权威的方式将同一性灌输给子女。因此，处于这种状态的青少年没有足够的机会去自己探索不同的生活道路、意识形态和职业。同一性早闭的人一般都有很强的道德感，非常保守，当要求他们解释自己的信念和观点时，他们不知所措，不能给出合理的说法。

比如，18岁男孩小B的父母希望他成为一名医生，小B对自己喜欢什么样的专业、适合从事什么样的工作没有思考过，也没有任何清晰的想法。于是，他决定接受父母的建议，在高考填报志愿时选择热门的临床医学专业。

3. 同一性延缓：个体正处在同一性危机中，尚未对同一性做出明确承诺。个体花费大量的时间去探究各种可能的选择。一定程度上，大学阶段是社会认可的、年轻大学生正式进入社会之前探究各种角色和学习承担责任的阶段。他们在形成对某种观点和价值的承诺之前，可以改变专业、加入不同的社会群体、探究不同的人际关系、结识不同背景的个体、到国外学习、了解各个研究领域。只有考虑了各种选择，付出大量的努力和时间，"货比三家"，个人才可以做出承诺，并用余生来执行和完成。

比如，20岁的女大学生小C并不太确定以后自己想要从事什么样的工作。她开始去学校职业生涯发展中心向老师咨询，向已经毕业的学长学姐讨教，在假期尝试各种兼职工作和实习机会，希望通过这些努力了解不同的职业。

4. 同一性获得：个体经历了同一性危机并对个人的价值观、人际关系或职业生涯做出了坚定承诺。

比如,22 岁的男大学生小 D 在大学里广泛探索了很多不同的职业选择,最后发现和儿童相处让自己感到快乐,而幼教工作是一件非常有意义的事。小 D 不顾室友笑话,决定毕业后去幼教机构工作。他利用课余时间考取了相关资格证书,并开始努力寻找工作机会。

同一性延缓过程中的两个核心成分是人格试验和角色试验。在达到稳定的自我感觉之前,青少年会不断尝试不同的角色和人格。他们可能在某个时刻爱争论,在下个时刻又变得合作;可能某天穿得很整洁,第二天又穿得很邋遢;可能在某一周喜欢一个特定的朋友,下一周又讨厌那个朋友。

除了网游世界,在现实中也有数以百计的角色可供青少年尝试。在高度科技化、网络化的社会里,受过较好训练的青少年可以进入能提供高自尊的团队,在同一性发展阶段体验到较少的压力。有些青少年可能拒绝传统意义上收入高、地位高的工作,选择在自己感兴趣的领域工作或者创业。另一些青少年宁愿失业,也不愿意做他们预期会让自己表现不好或自我价值认同感差的工作。不同的选择反映了个体渴望通过真实地面对自我来获得有意义的同一性,而不是在社会中丧失自我。

脱口秀节目《罗辑思维》的主讲人罗振宇曾倡导互联网时代的生存方式应该是 U 盘式生存,每个人都能找到自己擅长的一门"手艺",成为像 U 盘一样"自带信息、不装系统、随时插拔、自由协作"的手艺人,而不是依附于某个组织、单位、公司的庞大系统。作为一个手艺人,个体将面对最公正的价值评价体系——市场。比如,你可能从来没有做过生意,扛着一筐萝卜进了农贸市场,这时你就应该有自信,只要你的定价合理,你的萝卜是一定可以卖掉的,因为市场会给你一个公道的价格。市场靠无数节点和个体联系之后,在个体的产品上形成一个定价。所以有人说,互联网时代不存在怀才不遇。

除了个体自我的角色探索,还有很多情境在影响同一性发展,比如家庭。尽管个体在青春期本能地和家长保持距离,家长仍然是个体生命中最具影响力的人物。同一性发展与教养方式的相关性研究发现,鼓励青少年参与家庭决策的民主型家长能促进同一性的获得。反之,专制型家长控制青少年的行为,不给他们表达意见的机会,导致同一性早闭。放任型家长则极少给青少年指导,允许青少年自己做决定,这种教养方式会导致同一性弥散。

研究还发现,青少年的个性因素与交往因素在同一性发展中作用不小。个性因素是指在人际沟通时有能力表达自己的观点,能够通过沟通表达自己的与众不同。交往因素指能意识到别人的观点并尊重别人的观点,对他人保持开放。能同时促进个性因素和交往因素的家庭氛围对于青少年的同一性发展很重要。鼓励青少年的个性发展,又重视其交往发展,为他们提供一个探索社交世界的安全基地,能够促进同一性的形成。仅强调交往而削弱个性,个体会走向同一性早闭;交往弱的话,个体通常表现为同一性弥散。

习惯了孩子对自己言听计从的家长,可能会为青春期孩子出现的反讽、叛逆、情绪易变而感到困惑,甚至被激怒。但是,成年人要尝试给青少年足够的空间去探索不同的角色和人格。家长如果经常表现促进行为(比如解释、接受和付出同理心),就会比经常表现限制行为(比如批评和贬损)更能促进青少年的同一性发展。允许青少年质疑与表达与众不同的观点,提供支持和相互促进的家庭交往方式,可以培养健康的同一性发展模式。

除了家庭,文化和种族因素也会对同一性发展产生影响。对于来自少数种族群体的青少年来说,同一性的形成过程有一个新加的维度:在两个或更多的认同来源中做出选择,是选择自己所在的种族群体还是选择主流文化? 比如,在美国生活的 16 岁华裔女孩米歇尔·陈这样说道:"家长们并不理解,青少年需要知道自己是谁。这个过程意味着很多尝试,很多次心理变化,很多情绪和尴尬。像任何一位青少年一样,我正面临同一性危机。我还在试着搞清楚自己是一个华裔美国人,还是一个长着亚洲眼睛的美国人。"又比如,美国很多少数种族青年人居住在低社会经济地位的城区。他们生活贫困,受到毒品、帮派和犯罪活动的影响,常与退学或者失业的年轻人或成人交往。这种环境很难为积极的同一性发展提供支持。最终,一部分少数种族青少年发展出了双文化同一性,在某些方面认同自己的种族群体,在另一些方面又认同主流文化。

性别也曾经影响同一性的形成。过去,男性同一性主要指向职业和价值观的承诺,女性同一性主要指向婚姻和生育孩子。当代社会,除了少量女性甘当家庭主妇相夫教子,绝大部分女性具有强烈的职业兴趣。因此,性别差异对同一性的影响更多凸显在男女两性对职业类型的选择中。

八、偶像的作用

青少年所住卧室的墙壁上往往张贴着各式各样的明星海报,如背着吉他的摇滚歌手、清纯可人的少女组合、潇洒灌篮的体育明星,或者海贼王、银魂之类的动漫角色。在歌星演唱会和明星见面会上,声嘶力竭喊叫的粉丝永远是年轻人。可以说,崇拜偶像是青春期综合征的一个典型"症状"。当然,一些成年人将这一"症状"延续终生。

曾经有个少女是某位明星的忠实粉丝。她的夙愿是与这位明星单独会一次面。后来,经朋友安排,那位明星同意与她私下会面。见面当晚,当明星身穿便装出现在少女面前时,少女竟感到说不出的失望。她没想到自己一直崇拜的偶像此刻看起来竟然这么不起眼,平凡得犹如街头任何一个路人。

对青少年来说,偶像承载着一种唯美的理想,远离现实世界柴米油盐的精于计算,远离升学求职的功利主义,只是纯粹的美丽、诗意和活力。青少年渴望拥有偶像所象征的个人魅力和理想状态。通过与偶像的结合,个体确认自我身份,感受到希望与力量。

在崇拜偶像的过程中,青少年内心发生了一个现象,叫作"认同"。而认同对形成自我同一性具有重要作用。奥地利心理学家弗洛伊德认为,人类发展早期的认同是包含较少冲突的、对抚养者的情感依附。

当生活处境良好时，孩子倾向于将抚养者理想化，希望具备抚养者那些可爱的特质。当一个女孩说"我想长大像妈妈那样温柔美丽"，或一个男孩心想"我长大后要像爸爸一样强壮有力"时，他们在表达一种情感依附性的认同。仔细观察学龄前儿童，会发现儿童在说话的语调及姿势上与其父母中的一位惊人地相似，一些年幼的儿童甚至对父母亦步亦趋地模仿。在年龄更大的人身上有时也可以看到许多对认同对象的完全效仿，比如当一个大学生仰慕某位学长，或者一位教徒追随敬重的教长的时候，完全效仿的崇拜者会模仿偶像的言谈举止、吃相睡姿，这样即使当崇拜对象消失时，个体自己也可以成为偶像的再版。

青少年崇拜明星偶像是童年带有理想化的情感依附认同的再版，只是此时认同对象从父母转向了娱乐界、体育界或者特定行业的明星。无论是模仿偶像的仪态形象，还是内化偶像的行事风格，都体现了青少年对抗混乱、塑造自我的努力。随着心理发展的成熟，这种认同会从对偶像的全盘同化，变为具备越来越多的鉴别力和思考力，形成一个完备的认同过程。偶像逐渐被去理想化，被知觉为一个复杂的、矛盾的、真实的人。有时候，关于偶像的负面报道和人设崩塌会加速这一过程。成熟的人学习通过细微辨别，主观选择认同偶像的一些特征，并抗拒认同另外一些特征。

认同并非总是良性的，恶劣情境会孕育糟糕的认同。2002 年，41 岁的约翰·穆罕默德与 17 岁的约翰·马尔沃在美国华盛顿周边地区潜伏在汽车内对过往行人进行"任意狙击"，共造成 10 人死亡、3 人受伤。约翰·穆罕默德是一名退役军人，曾参加"海湾战争"。他的继子马尔沃是来自牙买加的非法移民。穆罕默德因离异后失去对孩子的抚养权而对前妻怀恨在心。他企图通过制造一系列无差别杀人案作为烟幕弹，掩盖即将进行的对前妻的蓄意谋杀。马尔沃在被捕受审时声称，穆罕默德不断控制并影响着他。鉴于马尔沃还未成年，他被判处终身监禁并且不准假释。有些青少年像马尔沃一样，因为生存环境恶劣，在成长过程中认同了病理性的模型和不受社会欢迎的角色,比如罪犯和不良团伙。美国很多州把青少年法庭系统与成年人法庭系统分开的原因之一,就是避免青少年罪犯和成年罪犯的接触。

另一种认同形式称作"反向认同",即个体努力摒弃抚养者具备的特征,着力塑造与抚养者截然不同的自我形象。比如一个孩子的父亲是个酒鬼,母亲又总是操劳过度、情绪紊乱。在孩子的成长经历中充满了混乱:房屋破旧,院子杂草丛生,厨房一片狼藉。他为父母的无能羞愧不已,希望自己日后成为一个条理分明、效率高、勤思考的人。这个孩子长大后成为一名成功的税务顾问,夜以继日地工作,但总是担心自己终有一天会沦为和父母一样无能。在这个例子中,个体通过认同与抚养者相反的特征进行自我同一性建设,但是内心的矛盾冲突令他的同一性并不稳固。

九、揭开人格面具

科幻电影《记忆大师》讲的是在 2025 年的未来世界中,人类记忆可以通过手术装载和消除。主人公在记忆大师医疗中心与一名杀人凶手错换了记忆块,发现自己脑内的凶杀记忆成为破案的关键,而凶手也潜伏在他身边。这类侦探故事的引人之处在于观众需要不断推测凶手的身份,尝试揭开凶手用以伪装的面具。类似揭开面具的乐趣也出现在"狼人杀"之类的桌游中。似乎人类对揭开面具、了解真相抱有与生俱来的好奇心。

在威廉·戈尔丁的小说《蝇王》中,男孩杰克和他的小伙伴们在孤岛上为了生存猎杀野猪,他们在脸上涂满各种颜料掩护自己。杰克说,脸被涂上颜料的感觉非常奇妙,就好像一部分的自己被隐藏了起来。

作为人类社会的一员,我们每个人都戴着面具。续接上文谈到的社会同一性与自我概念的匹配度,当个体希望自己在他人面前呈现的样子与其真实状态不符合时,内在会分裂成真实自我和应对外部现实的虚假自我。这时候,个体就不由自主地戴上了面具。研究发现,青少年最可能在同班同学面前或在浪漫关系和约会情境中表现虚假自我。这么做可能是为了给别人留下好印象,也可能是为了在同一性延缓的过程中尝试新的行为和角色。

比较糟糕的情况是,人格面具变得过于厚重,虚假自我占据压倒性优势,将真实自我碾压殆尽。英国精神分析学家温尼科特是个很特别的医生,比起病人的症状,他更关注人的主观经验的质量,包括内部现实感、生活中充满个人意义感、视自己为自身经验的中心,这种视角独特而具有创造性。他发现有些病人在举止和功能上一如常人,但主观体验出了问题。温尼科特把这种情况称为"假我障碍"。这些假我障碍者遵循社会日常礼节,习惯认同和模仿他人,人际交往流于形式,无法获得深度的亲密关系和真实的内心体验。因此,假我障碍者在自我同一性的探索方面会格外艰难。

导致虚假自我膨胀的原因可能是个体在成长过程中没有获得受保护的精神空间,使他的真实感觉可以在其中游戏般地扩展并巩固。在个体面前呈现的是一个自己必须立即妥协、适应的世界。个体对外部世界的过早关注限制并阻碍了真实自我的发展。个体在心理上停滞在了那一刻,残存的人格成分在核心缺失的情况下继续发展。取代真实自我的是对缺陷环境的适应性顺从,铸造了病理性人格面具。

比如,在一个男孩的成长过程中,因为社会对于男性的刻板认知是必须坚强,所以童年时他内在的柔弱部分就会被自己否定和隐藏,使面具呈现出他人希望的样子。又如,很多人努力让自己看起来很棒,尝试让自己穿上社会称赞的外衣,比如海外学历、工作体面、善于社交、婚姻美满等,以标准化印模来迎合他人的期待。不良环境引起了自我的根本分裂,一方是欲望和意义的真诚源泉,而另一方是由于被迫过早地应对外部世界而形成的顺从自我。最严重的情况下,摘掉厚重的面具,甚至可能发现里面并不存在一个真实的自我。

虚假自我过于强大往往导致同一性早闭。对同一性早闭的个体来说,需要找到一种新生体验,令尘封的自我需要浮现,重新联结与内心源泉之间被割断的联系,重新通过感觉器官感受现实中发生的一切,重新发现内在的想象力和创造力,不轻易指责自己,不盲目迎合他人的期待。

比如,男孩彼得4岁生日的前两天,全家从一个城市搬到另一个城市。直到他生日当天,彼得的母亲才想到要举行一个生日聚会。但是,他们在当地没有什么认识的人可以邀请,母亲就让哥哥到外面从新邻居里找些孩子来参加聚会。彼得对这种做法感到震惊和愤怒,于是问道:"干吗不用纸板做几个小孩呢?"

彼得成年后一直在寻找童年缺失的关键经验。小时候,面对他自然浮现的兴奋,父母表现出的是恐慌和谨慎的态度,而不是相应地适应他、满足他。他从来不认为人际环境会理所当然地满足自己,这使他无法游戏般地探索自己的主观性,而是被迫发展出对世界不成熟的、理性的警惕和控制。他渴望放弃自己所学会保持的警惕和控制,沉浸在自己的体验中漂流。

美国摇滚歌手吉姆·莫里森曾说:"在所有的自由中,最重要的一种就是成为你自己。你放弃你的现实换取了一个角色。你放弃你的感觉换取了某种行动。你放弃了感受自己的能力,带上了一个面具。这个世界不可能出现任何大规模的变革,直到私人层面的变革首先出现。自由首先要从我们的内心发生。"

十、画一幅自我肖像

埃里克森认为自我印象是由许多碎片组成的一幅拼图。下面我们可以尝试以拼图的形式一片一片拼接出自我肖像。拿出一张纸和一支笔,针对每个问题,认真写下自己的答案。最后,你将得到一篇完整的自我印象描述。

身体同一性:你对自己的身体感觉如何?比如协调性和灵活性怎么样?

人格同一性:你的人格特征是什么样的?比如内向还是外向?紧张还是平静?友好还是戒备?

关系同一性：你喜欢和什么样的人交朋友？又排斥什么样的人？

成就及智力同一性：你获得成就的动机有多强烈？你的智力水平有多高？你擅长哪些智力活动？

兴趣同一性：闲暇时你喜欢做什么？比如喜不喜欢运动、音乐、电影或者其他爱好？

职业同一性：你想从事什么样的职业？

文化及种族同一性：你来自哪个国家或地区？你出身于哪个民族？你认同哪一种文化传统？

第二章　喜欢自己不容易

一、芬妮的网球

我们常常听到有人说："我一点儿都不喜欢自己。"不喜欢自己是一种什么样的体验？当我们不喜欢自己的时候，我们的内心发生了什么？先来看一个小故事：

芬妮感到球干净利落地离开了她的球拍，她注视着球径直飞到后场，正好落在底线内。她的注意力在球的路线和自己的身体技巧之间转换。"看着球。"她自言自语道，"靠边，抽杀成功，完成！"正手，再正手。她反复默念"咒语"控制动作的节奏，几乎不能自已。这几分钟她沉浸在每个运动员都会拥有的状态中，仿佛在击球的这一刻，一切都那么无懈可击。

她偷笑着，享受着那一击带来的兴奋劲儿，想知道丈夫唐格是否注意到她今天打得有多么出色，就在这时，一记猛烈的下旋球打向她的反手边。她冲过去，努力够着球，球打在她球拍边缘飞出了场外。"你总是搞不定旋转球。"唐格在球场对面责备她说。"对啊，就是没办法。"芬妮应了一声，突然感到自己像个吹爆的气球，痛苦向她袭来，给她胸口重重一击。她觉得自己太重了，所以跑动不及时，也觉得自己太笨了，所以连球都够不着。"我打不好球。"她痛苦地想，把剩下的三个球砸向球网。之前短暂的兴高采烈瞬间消失，取而代之的是无助。芬妮吸了吸酸得发紧的鼻子，把眼泪忍回去，重新提了提精神，边咕哝着边准备收拾东西回家。"你就是这么一个孩子气的人，"唐格大叫道，"你又因为我的话打退堂鼓？"他想哄哄她，试图让她重拾信心，但他的话就好像在芬妮新鲜的伤口上撒了一把盐。今天没法再打网球了。[①]

因为一个接球失误，芬妮痛苦地放弃了比赛。也许我们和唐格一样，都觉得芬妮有点小题大做。不就是没接住一个球嘛，何至于搞得这么痛不欲生？

如果切换角度，站在芬妮的立场去理解这件事呢？一开始芬妮非常努力想把球打好，她小心控制每一个击球动作，沉浸在自己完美到无懈可击的想象中。她也很希望唐格能注意到，她今天球打得很出色。然而，她因为丢失一个下旋球，受到唐格的责备。痛苦让她的躯体产生了反应，胸口像被重重击了一下。在那一刻，芬妮感受到的是深深的挫败感和无力感。就像以前的很多次经历一样，自己总是做不好想做的事。酸楚、无助、愤怒、委屈种种感受交织在一起，让她愤怒而放弃比赛。

对芬妮来说，打好这场球好像格外重要，就像是获得一个期待已久的证明。也许在芬妮的意识里一直存在一个疑问："我是不是一个有能力的人？"这个问题无时无刻不困扰着她，让她备受煎熬。芬妮采取的策略是通过做一件具体的事来证明这一点，比如打网球。这样一来，对芬妮来说，打网球不再是一项单纯的体育运动，它被赋予了特别重大的意义，即用以证明个人能力。这样就不难理解，为什么芬妮打球时这么努力而又小心翼翼，为什么偶尔一次接球失误会带来这么大的打击。

---

① ［美］Sandy Hotchkiss 著，蒋晓鸣译，《自恋》，中国轻工业出版社，2009 年 1 月，第 3 页。

在生活中,我们遇到好多"输不起"的人,他们会为一次小小的失败而耿耿于怀。他们就像芬妮一样,不断通过各种渠道寻找自己有能力的证明:一门考试、一场辩论、一次演出、一局对弈。任何失败都会带来毁灭性的打击,而成功也只能让他们短暂地舒一口气,自我怀疑的阴霾随即又在心头涌现,催促他们寻找新的证明。他们的心情在成功的顶峰和失败的低谷之间不停起落,得不到片刻休息。

芬妮另一个根深蒂固的观念是个人能力除了需要用具体结果证明,还需要外在评价系统的支持。她期待自己的出色表现被注意到,获得唐格的肯定和称赞。如果说芬妮的自信心像一座摇摇欲坠的城堡,唐格的肯定就像是它的坚实地基。如果肯定消失,城堡就会土崩瓦解。

一旦在乎外界的评价,就不免开始疑神疑鬼、患得患失,察言观色又用心揣测别人的只言片语,渴望看出一点端倪,了解他们内心的打分。这个打分如果被宣之于口,影响往往就更大了。

他人评价的影响之所以这么大,往往是因为内心缺少一个对自己稳定的评价。这样的人也许应该问问自己,心目中的自己是什么样子?自己究竟喜不喜欢心目中的那个自己?

二、我喜欢自己吗

美国画家南希·卡尔森画过一个绘本,名字叫《我喜欢自己》,绘本主人公是一只小猪。小猪说,她有一个最要好的朋友,就是自己。她会和自己做好玩的事,比如画漂亮的画、骑很快的车和自己读好看的书。她喜欢照顾自己,自己刷牙、洗澡、吃有营养的食物。早晨起来,小猪都会对自己说:"嗨,你看起来棒极了!"小猪喜欢自己卷卷的尾巴、圆圆的肚子、细细的小脚。每次心情不好的时候,小猪都会想法让自己开心。每次跌倒的时候,她都会叫自己爬起来。每次做错事的时候,她都会鼓励自己试一次、再试一次。不管去哪里,不管做什么事,小猪都要做她自己,而且她喜欢这样。

故事里的小猪每天都生活在快乐中,她喜欢自己,从来不怀疑自己。喜欢自己听起来是件最容易不过的事,却不是每个人都可以做到的,比如上文中的芬妮。这牵涉到一个挺重要的概念:自尊感。你是否喜欢自己并且认为自己有价值,你是一个出色的人吗?你是否感到他人尊重你?你是否对自己所做的事、所扮演的角色以及想要成为的人感到满意和骄傲?

大部分人都对自己有各种不同的反应。我们每天必须承受这些反应,承认自己不仅有优点也有缺点。我们对自己的看法每天甚至每小时都在改变。当我们做的事情与自我概念不一致时,比如没有兑现对他人的承诺,而我们却不认为自己是个不讲信用的人,那么我们的自尊就会陷入低谷,这样的波动总是围绕着我们自尊的平均水平发生。人格心理学家对自尊的平均水平感兴趣,即个体在自尊维度上所处的位置。比如总体来看,我们有着积极的、中性的还是消极的自我评价。

人们会从生活的不同角度正面或负面地评价自己。例如,你也许觉得自己智力出众,但在异性面前却非常害羞。因此,你可能在学业上有较高自尊,但在约会或涉及个人魅力时自尊较低。总体自尊是自我在不同领域中的自我评价的合成,比如成就自尊、容貌自尊、社会自尊。尽管让人们感到自信的生活领域不同,比如友谊、学业、容貌,但是在这些领域的测量结果显示它们之间具有中等程度的相关。人们在某一方面有高自尊,那么在其他方面也会拥有高自尊。

下面是一份被广泛应用的总体自尊问卷中的一些项目:

1. 是　否　我的自我感觉良好。
2. 是　否　我感到自己跟其他人一样,是一个有用的人。
3. 是　否　我可以像大部分人那样做事情。
4. 是　否　总的来说,我对自己感到满意。
5. 是　否　有时我觉得自己很没用。
6. 是　否　有时我觉得自己一点都不好。

7. 是　否　我觉得自己没什么值得骄傲的。

通过阅读和回答这些项目，你会对该测验中的自尊含义有所了解。如果1—4题回答"是"，5—7题回答"否"，说明你的自尊很高。

如果你是一名即将毕业的大四学生，专业是计算机科学，你具备良好的网页程序设计知识。一家热门的因特网创业公司将聘用你管理信息技术部门，你知道自己在这家公司会有很大的发展空间。如果公司上市，它几年之内就可以让你变成百万富翁。然而，你也清楚这将是一份非常辛苦的工作，几年之内你必须投入大量的时间。你还知道，你需要加入一个优质的工作团队，成功完成最初的几个项目。这是一个高收益和高风险并存的职位。你知道自己拥有成功的机会，也知道自己很可能会一败涂地。你会选择这份工作吗？

有些人会放弃这个可能带来巨大成功的机遇，因为他们要维护自尊。他们关注的是不失败。当失败的可能性很大时，他们宁愿不去冒险。换言之，对某些人来说，不失败永远比巨大的成功更重要。事实证明，低自尊的人往往通过避免失败来维护自尊，而不是通过成功来提升自尊。

在一项研究中，让被试参加智力测验，并告知被试自己的测验分数和其他被试的分数，引导被试相信自己做得比他人好或者比他人差，然后让被试有机会获知更多与他人相比的反馈。结果发现，只有确定是好消息、自己在平均水平之上时，低自尊的被试才会寻求更多反馈；当他们认为自己处在平均水平之下时，就不再想要任何反馈。这充分体现了低自尊的人具有维护自尊的动机。而高自尊的人即使获知自己处在平均水平之下，也不回避更多的反馈。

低自尊的人还有一个常用策略，就是预期失败。每当面临挑战时，比如即将到来的考试，个体预期自己的表现会很糟糕。这样当失败来临时，它所带来的影响就会减弱。比如芬妮在打网球之前，预期自己会表现得很糟糕。那么，她被丈夫批评时就不会很沮丧了。

预期失败也可以是非常有效的自我提升策略。比如电影《国王的演讲》中，约克郡公爵因患口吃，无法在公众面前发表演讲，这令他接连在大型仪式上丢丑。为了能发表正常的演讲，公爵到处寻访名医，接受各种治疗，并不断进行刻苦练习，最终能够在即位国王之后勇敢而坚定地发表演讲。相反的情况下，预期失败可能会为自己设置障碍。比如一个学生可能对即将到来的考试持悲观态度，所以他将此作为不学习的借口。不学习对考试而言构成障碍，增加了他失败的几率，也为他的失败提供了借口。失败后，他可以说只是自己没有准备，而不是自己不够聪明或者没有能力做好。这样，虽然维护了自尊，却阻碍了个人进步。

三、自恋和羞耻是一对双胞胎

18 世纪德国有个擅长讲故事的男爵叫敏豪生。敏豪生男爵自称是世界上最诚实的人。他很有口才，讲起故事口若悬河、滔滔不绝。他曾在军队服役，参加过俄土战争。回到德国后，他根据自己的经历，运用夸张和幻想，创造出一系列异想天开的冒险故事。后人把他叙述的历险故事编成《吹牛大王历险记》出版于世。比如有个串野鸭的故事：有一天，敏豪生狩猎偶然经过一片小湖，看见十几只野鸭在湖里四散觅食。敏豪生正打算过几天宴请一大批朋友，非常希望猎获湖面上所有的野鸭。但令人遗憾的是，这时他枪膛里只剩下最后一颗子弹了。他猛然想起自己背包里有一块吃剩的熏肉，就用绳子一端固定住熏肉，抛向野鸭，自己躲进茂密的芦苇丛中，双手紧紧抓住绳子的另一端，静候野鸭上钩。最近的一只野鸭发现熏肉，忙不迭地游过来大口吞食，结果招致周围所有野鸭的围抢。由于这块熏肉太滑溜，没经消化就通过鸭子的肠子拉了出来。第二只鸭子又一口将拉出来的熏肉吞入肚中，接着是第三只、第四只野鸭……熏肉就这样在所有野鸭体内作了一次短暂的"旅游"，十几只野鸭就像一串珍珠串联在同一根绳子上，被敏豪生捕获。

在生活中不乏敏豪生男爵这样的人，他们自命不凡、异想天开、夸夸其谈，自我感觉良好，和别人交往时总是以自我为中心。通常的说法是这些人很"自恋"，他们与那些怯于发言的人形成鲜明的对比。

有个和自恋相关的古希腊神话:一个叫纳西索斯的美少年,他是希腊最俊美的男子,无数少女对他一见倾心,可是他却拒绝了所有少女。有一天,纳西索斯爱上了自己在水中的倒影,因为爱慕得难以自拔,于是赴水而死,变成了水仙花。所以在英文中,"自恋"和"水仙花"是同一个单词。对于纳西索斯这样的自恋者来说,眼睛里除了自己,看不到别人,也很难和别人建立真实的关系。

在我们的想象中,自恋者自我感觉良好,日子应该过得舒心惬意、无忧无虑,然而事实恰恰相反。

有一天,一家心理治疗室有位新病人造访。这个新病人名叫爱德瓦多,是个20岁出头的男子。爱德瓦多来求治的原因是模糊而弥漫的抑郁感和无所适从感让他无法找到自我。作为一名刚毕业的大学生,爱德瓦多带着巨大的热情向治疗师谈论他的生活,描绘他想成为百万富翁的野心。尽管他当时失业并缺乏辉煌的工作经历,但他很少考虑如何发展自己感兴趣的领域或者制定长期计划以达到目标。他对自己设定的任务难度缺乏概念,带着笃定的乐观态度预期工作面试的结果。他讨论着升为公司高层后的安排,而丝毫没有意识到自己可能不会被录用,即使被录用也不会自动升到顶级职位,而是需要大量努力才行。爱德瓦多英俊聪明,善于言辞,富有魅力。然而,他对待人际关系的方式就像是玩跳棋,对他表现出兴趣的人被跳过甚至被无情地从棋盘上移除。

随着治疗继续,治疗师试图和爱德瓦多探讨这些行为模式,却不断遇到相同的反应:爱德瓦多会有礼貌地停顿,等治疗师说完她所观察到的内容再继续自己原来的谈话,仿佛她所说的内容毫无意义。治疗师的干预,对爱德瓦多来说只是自身经验叙述的打断,他耐心地忍受着这种插话,直到治疗师又回到专心的听众的角色。治疗师渐渐变得沉默,她逐渐意识到自己和爱德瓦多在一起时,会幻想自己站起来悄悄离开房间,只要她再回来结束治疗并与爱德瓦多道别,爱德瓦多永远不会注意到她曾经离开。她有一种变成透明人的感觉,仿佛自己不存在了。

爱德瓦多这样的自恋者总是渴望得到独一无二的赞美和关注,他想拥有任何他想要的东西,他认为自己想在任何领域获得的进展都不应该受到限制。尽管这样的人常常被界定为过于自大,但是他们其实相当脆弱,现实的挫折会让他们从高高的优越感急速跌落,笨拙地摔到地面上。

自以为是、自我中心、蔑视和嫉妒他人,这些都是过度自恋的表现。过度自恋不等于自信,而往往意味着与自信相对的另一极——自卑。

再来看一下,与爱德瓦多相反的另一类人。盖瑞森·凯勒是广播秀《牧场之家好作伴》中颇受欢迎的主角之一,他极为羞怯。他说,当羞怯的人不得不与他人交往时,他们恨不得变成隐形人。他们不愿意交流,因为他们缺少社交自信,在人际互动中感到非常焦虑,也不会激励自我。由于这些感受,他们总是逃避社交。

很多研究者认为羞怯者过于看重他人对自己的评价,这被称为"评价恐惧",即羞怯的人对来自他人的评价会感到恐惧。例如,羞怯者认为正在与他们谈话的人会认为自己呆板、愚蠢和幼稚。他们害怕他人对自己做出消极评价。因此,仅仅是上台表演或者领导小组会议这样的念头都会使他们充满恐惧。他们竭力避免这样的情境。如果不得不进行社交,他们会努力去限制或缩短这个过程。他们避免接触他人的眼睛,仿佛向别人暗示他们希望结束会谈;如果不得不进行会谈,他们会努力避免谈及个人喜好,保持无威胁性。他们会不断点头表示赞同,不在谈话中卷入太深。他们尽量不表达内心的观点或给出个人信息,因为这会引起他人对自己的评价。与评价恐惧相关的现象还包括考试恐惧、演讲恐惧、社交恐惧、自我贬低、缺乏主见等,日常习惯用来描述这种现象的词语一般是"羞怯"或"自卑"。

其实,像爱德瓦多这样的夸夸其谈者和凯勒这样的羞怯者有一个共同点:他们都需要不断地从外部获得认可来维持自尊。他们都不太清楚自己究竟是谁、有什么价值,他们通过努力经营来换取更好的自我感觉。每个虚荣而浮夸的人心中都隐藏着害羞而怯懦的阴影,而任何抑郁且自责的人心中也都潜伏着自命不凡的幻想。自恋和羞耻就像硬币的两面，又像是一对同根生长的双胞胎，很难离开对方而独立存在，而在根部是低自尊和受损的自恋发展。

四、自恋的起源

朋友圈在我们生活中是个特别的存在。是否在朋友圈发布状态和发布状态时选择的表现方式其实是个很有意思的话题。和微博、QQ相比，朋友圈可能更具私密性。尽管朋友圈也是一块炙手可热的商业宣传阵地，但微信里的朋友大致限于熟人及生活中出现过的人。简单地说，他们都多少知道"你是谁"，哪怕你也许是很平凡的路人甲。因此，在朋友圈发状态和在其他平台上匿名发言的感觉完全不一样。朋友圈会唤起更强烈的"被看到"的感觉，你将以你自己的身份被别人看到。而推动我们不断在朋友圈发状态的一个重要动力，也许就是这种"被看到"的感觉。当然，除了被看到，也包括被点赞、被评论、被回应。

美国精神分析学家科胡特对这种"被看到"的感觉做过系统的研究论述，因为"被看到"的感觉和人的自恋发展密切相关。在科胡特创立的自体心理学理论中，自恋是人格的核心部分（这里"自恋"这个词具中性定义，不含褒贬）。科胡特说："自恋是一种借着胜任的经验而产生的真正的自我价值感，是一种认为自己值得珍惜、保护的真实感觉。"也就是说，一般个体的自恋是健康的，而且社会也是允许适度自恋的。只有当个体过度自恋，并超出了社会对于自恋允许的范围才是不健康的。

自体心理学假设，个体心理发展是自恋从古老形态向成熟形态转化的结果。在良性的个体心理发展中，婴儿与母亲原本处于一种原始的、想象中的融合状态。随着时间的推移，婴儿的意识逐渐从这种状态中觉醒。当原来的融合状态消失后，代之以原始的自恋幻想，作为挽救或补偿。

幼儿自然发展的第一个自恋幻想是夸大表现的自我意象，即"我是无所不能的，我是完美的"。比如，漫威电影里的人物X战警、蜘蛛侠、金刚狼、美国队长、钢铁侠、绿巨人等都体现了这种无所不能的感觉。我们常常看见,幼儿穿着披风装扮成超人飞行,青少年也喜欢通过 COSPLAY 体验无所不能的动漫或游戏角色。

幼儿发展的第二个自恋幻想是理想化的父母意象,即"你们是完美的,而我是你们的一部分"。当孩子遭遇现实的挫折,发现自己不是无所不能时,就将这种夸大幻想寄予自己的父母。如果父母无所不能,孩子就可以通过依附和崇拜强者而体验到安全与力量。我们常常听到男孩向同伴吹嘘:"我爸爸什么都会。"粉丝对明星的极度崇拜,也是理想化需要满足的突出表现。在宗教文化中,则表现为对神灵人物的认同和崇拜。

然而,孩子总有一天会失望地发现,父母并不是无所不能的。这时,他们就自然进入第三阶段,第一阶段的夸大自体意象转化为自我实现的雄心,第二阶段的理想化意象转化为完美理想的目标。心理能量在雄心的驱使和完美理想的引领下,促发个体更具适应性的行为,塑造成熟的自体结构,包括健康的自恋、自信心、抱负心、高自尊和现实感。

原始自恋发展成健康的自体结构的过程,需要一种外在的辅助工具,这就是抚养者的回应。幼儿一开始是以自我为中心的,无法将抚养者体验为独立于自己的另一个人,而将抚养者体验为自己的一部分,体验为满足自己发展需要的一个工具。抚养者所执行的一个重要功能叫作"镜映",其字面意思就是像镜子那样映照,指给予个体一种理解的、赞赏的回应。这种回应会帮助幼儿确认和塑造对自己的感觉。比如,孩子在哼唱歌曲的时候,父母在一旁随着歌曲节奏摆动身体。英国精神分析家温尼科特曾说过:"婴儿仰望他的母亲,在母亲眼中看见他自己。"抚养者必须用适当的镜映来回应孩子夸大的表现,满足自体成长的需要。对孩子来说,这就是"被看到"的感觉。

在正常的发展途径中,父母偶尔会出现镜映失误,没有理解孩子的感受或者没有及时针对孩子的感受做出回应。这对孩子来说是一种挫折,但是不具有创伤性,被称作"恰到好处的挫折"。恰到好处的挫折为孩子提供了学习镜映自己的机会,把抚养者的镜映功能转化为自身的心理结构,通过内化过程获得自尊感。

比较糟糕的情况是,抚养者无法给孩子提供适当的镜映。比如孩子很小的时候,母亲不在身边,或者母亲因为某些原因而自顾不暇,孩子的夸大表达始终没有得到回应,孩子的理想化意象资源又被切断。换句话说,孩子没有"被看见"。"不被看见"引发了一个心理发展创伤,被称作"自恋创伤"。这种创伤并非由单一事件引起,而是日复一日的累积性创伤。一再被阻断的沟通经历令孩子无法发展出清晰有力的自我感觉。孩子的内化过程被关闭,心理发展固着在夸大幻想阶段,成年以后仍然绝望地依附于自大愿望,却不能借由现实中获得的成功来体验愉悦和活力。这样的人终其一生都会渴求被外界看见和回应,而现实世界再多的赞美和鼓励也可能无法修复曾经受损的自恋部分。芬妮的神经过敏、敏豪生的自吹自擂、爱德瓦多的旁若无人和凯勒的恐惧评价可能都来源于此。

除了自夸和羞怯,发育不良的自恋还有很多表现形式,比如疑病、焦虑、抑郁、恐惧、对轻蔑态度敏感、缺乏热情、不能专注于工作、易激惹、失眠、物质成瘾等,或者瘫痪、麻木、感觉异常等种种身体状态,也包括强迫思考与强迫行为。

自恋受损者的个体体验大致有四种:

1. 低刺激体验:因为长期缺乏刺激性回应,导致个体处于低刺激的自体体验,缺乏活力,觉得自己很乏味。为了回避没有生命力的感觉,个体利用任何刺激制造假性兴奋。比如学步孩子的摇头晃脑,青少年或成年人的大胆妄为、滥用酒精毒品。甚至跑步之类的健身活动也可能变成对身体感觉刺激的病理性追求。

2. 破碎体验:因为缺乏整合性的回应,个体无法体会到自我的完整感和连续性,也无法流畅地实现自我功能。个体的身体姿势、步态和说话呈现焦虑、担忧而笨拙的状态。

3. 高刺激体验:因为接受了过度或不恰当的回应,个体害怕关于自我或他人的夸大幻想带来的紧张感,结果变得羞怯或者缺乏追求目标的正常能力。

4. 负担过重体验:因为缺乏与万能的理想化意象稳定融合的经验,个体不具备自我抚慰能力以让自己免受情绪泛滥引起的创伤。即使是温和的刺激也会导致痛苦的紧张感。外部世界看起来充满敌意而又危险。

如果我们感受到以上描述的体验，则需要耐心而持久的体察，并学习一些调节自我体验的方式。如果问题严重，需要通过学校提供的心理咨询来获得专业的帮助。

值得注意的一点是，成年人追求镜映不一定是病理性行为。科胡特认为，人类终其一生都需要滋养性的镜映，犹如生物无法离开氧气。回看人们在朋友圈发状态的行为，很类似于寻求镜映的感觉，即"我能否在你的眼中看到我自己"。

五、自尊管理条例

分析完自恋问题的根源，再说说怎样来管理自尊，以及怎样和自恋的人相处。我们在生活中常常遇到自恋的人，和他们打交道是一件挺头疼的事，一不小心就会被他们影响甚至伤害。比如下面这个故事：

金吉是家中的老大，她的父母都是那种以自我为中心、严厉苛责、从不试着理解孩子的人。在家里，金吉没有自主权，不能有自己的情感。弟弟出生以后，她有了任务。她一放学就帮他温好奶瓶换好尿布，晚上临睡前给他讲故事把他哄上床。她的母亲总是疲惫不堪，成天郁郁寡欢。金吉的父亲待她严厉，经常发火，一旦事情没按他的想法去做就会勃然大怒。金吉 16 岁时，很幸运地可以在下午和周末去镇里打工，总算有了离开家庭体验外部世界的机会。20 岁的时候，她终于结婚而逃离这个不幸的家庭。

但事情并不顺利。她的丈夫跟她父母一样，完全控制着她的生活。等到孩子一个接一个地降生，她似乎再也没有踏出过家门半步。家里每个人都对她有这样那样的要求，以至于一天下来她感到精疲力竭。空虚难耐时，她的填补方式就是把自己唯一擅长的事情——"照顾别人"做到最好。终于有一天，金吉再也无法忍受了，她决定追求自己想要的东西。她希望孩子们能体会到她的感受，把她的时间和金钱当成是礼物而不是享受。

金吉学会向女儿说"不"，并给自己创造活动的空间。起初她女儿一副不高兴的样子，还会发发脾气，后来女儿开始发展自己的社交能力，逐渐获得自信。女儿变得善解人意，对妈妈也照顾有加。①

故事里的金吉原来只知道为他人牺牲，不懂得享受他人的回报。她不仅让自己成为一个低自尊的人，也将周围的人变得极度自恋。当她领悟到这一点之后，树立了一个改变的榜样，学会了如何管理自尊。

桑迪·霍奇科斯在《自恋》一书中为自尊管理提供了四条建议：

1. 认识自己

当我们与自恋者打交道时，尤其是觉得被自恋者"欺负"的时候，也许我们会责怪父母、社会、学校、媒体或其他无法控制的因素，但这都无助于问题的解决，只会让我们觉得更加无助和生气。那么，我们可以想想自己身上哪些自恋特征和弱点造成了这个问题，因为对我们来说，只有自己的行为是可以把握的。

在与令我们频繁产生羞耻感、不安、愤怒或对我们有过高期望的人交往时，我们要认清自己的感受。这些情绪表明我们正在接触的那个人很有可能是自恋者。在和自恋者交往时，如果体验到不安或其他强烈的感觉，静下心来，听听自己的直觉怎么说，回想以前有这种情绪体验的时候，自己是怎么做的。找到一种方式摆脱被自恋者鄙视的感觉，比如把他想象成两岁大的孩子。在平复自恋者投射在我们身上的羞耻感时，不要有报复的想法，也不要向他挑战或进行教育。自恋者本身有很多难以控制的无意识过程，如果我们太较真的话，只会让自

---

① ［美］Sandy Hotchkiss 著，蒋晓鸣译，《自恋》，中国轻工业出版社，2009 年 1 月，第 116 页。

己受伤更深。

2. 接受现实

歪曲现实是自恋的标志特征。自恋的人思维过分理想化,追求完美,善于制造幻象和错觉,夸张、否定,甚至撒谎,想尽一切办法回避引发羞耻感的事实,通过强化幻想来维持自己的满足感和优越感。有时候,我们愿意配合他们,仅仅因为我们渴望实现自己的价值。

我们要远离自恋者和被他们歪曲的现实,寻找自己的梦想。我们要学习通过事实而不是想象来认识别人,不轻易相信我们和自恋者的亲密关系会让自己免受侵犯,也别以为我们能很容易地改变自恋者。虽然人们会因为一段关系而改变自己,但自恋者往往不具备这个能力,无法对我们的付出产生相应的共情。放弃理想主义,了解自己的弱点并珍惜已有的东西,在现实中不断实践并努力让生活变得有意义。

3. 设定界限

如果设定好人际界限,我们就能彼此友好相处。自恋者未能发展出与满足自身需要的他人相分离的自我。在日常生活中,表现为别人好像只是为了满足他们的需要而存在,所以他们不可避免地侵犯人和人之间的界限。

我们要尝试夺回被自恋者抢走的对自己的控制权。任何对抗自恋者的措施都会让他们产生羞耻感。如果我们还在乎人际关系,就尽量用温柔的方式来传递信息,巧妙地修复对方的羞耻感。不仅要立场坚定,而且要善解人意,给予尊重。在采取措施前,最好先控制一下自己的怒气,避免冲动。保持心态平和、情绪稳定地应对自恋者并设定自己的界限。自恋者会想尽办法应对我们想摆脱他控制的事实,他可能会对我们用糖衣炮弹,哄骗我们取消界限。我们需要慢慢体会自己的感觉,看清楚发生了什么,不再轻易变更界限。

4. 建立互惠关系

从一开始就避免和自恋者有过多接触,多和健康的、维持正常互动关系的人群打交道。避免自恋盛行的有害环境，寻找认同和接受人际差异、人际交往界限清晰、实事求是的有益环境。真正的互惠要求彼此信任。假如我们无法建立亲密关系，试试在使我们感到安全的人面前卸下防御。一旦我们获得了付出时也可以收获回报的体验，我们就能把这种体验迁移到各种人际关系中。

六、不设限的人生

那些真正懂得喜欢自己的人、自恋健康发展的人，他们的人生是什么样子？是否他们的人生道路比其他人更加一帆风顺？

1982年12月4日，在澳大利亚墨尔本，一个先天没有四肢的男婴出生在一个塞尔维亚裔基督教家庭，男婴的名字叫尼克·胡哲。胡哲所患的是一种罕见的先天畸形症，俗称"海豹肢症"。父母虽然伤心欲绝，仍然努力养育小胡哲长大。在胡哲还是小男孩的时候，他的睡前祷告常常是祈求拥有四肢。他哭着上床睡觉，然后期待第二天一早起来身上就奇迹似的长出手脚，然而每次都以失望告终。6岁时，父亲教他用带着两个脚趾头的小脚握笔写字，8岁时他被送入小学，却因为身体残疾而饱受异于常人的煎熬。10岁时，绝望的胡哲尝试在家中的浴缸内将自己溺死，但当想到家人可能为他的死感到自责时，他决定放弃一死了之的自私想法。

为了接触更多的同龄人，胡哲开始去教堂举行非正式的小型演讲。有一天，他对着大约300名青少年演讲。正当他在分享自己的感受和信仰时，发生了一件奇妙的事，有位女孩竟然当场崩溃到大哭。他不太确定到底发生了什么事，是不是自己触动了她某段糟糕的回忆。尽管悲伤流泪，女孩依然鼓起勇气举手发问，说她可不可以到前面来拥抱他。惊讶的胡哲邀请女孩上前，女孩擦干眼泪走到台前，给了他一个大大的拥抱。这个时候，屋子里所有人几乎都热泪盈眶，包括胡哲自己。女孩在胡哲耳边轻声地说道："从来没人告诉过我，我这个样子就很漂亮，也没有人说过他爱我。你改变了我的生命，而且你也是个漂亮的人。"

这件事发生之前,胡哲还常常怀疑自己的价值,不过把小演讲当做接触同龄人的渠道而已。然而,这个女孩竟然说他"漂亮"。最重要的是,她是第一个让他隐约感觉到他的演讲可以帮助别人的人。他与众不同的残疾状态正好可以让他对这个世界有特殊贡献。别人愿意听他演讲是因为他们只要看着他,就知道他经历并克服过什么样的困难,因此他的话对人们很有说服力。

经过努力,胡哲成了一名成功的演讲家。他坚信自己没手没脚,却没有限制。2010 年,他出版了自传《人生不设限》,2012 年,他收获了属于自己的婚姻和家庭。

尼克·胡哲是一个自恋健康的典型个案。像胡哲那样自恋健康的人不会轻易被挫折打倒,也不会过于关注他人的评价,他们拥有丰富的内在资源,始终欣赏自己,即使面临非常逆境,仍然有勇气义无反顾地逆流而上,追求人生的价值。

美国心理学家马斯洛对自我实现者做过分析,大致列举了 15 种特征:

1. 对现实的有效知觉,不会让期望和欲望蒙蔽自己。

2. 接受自己、他人、天性或命运,认识到人们都会犯错误、都有弱点。

3. 相信自己内心的冲动,行为单纯而自然。

4. 以问题为中心。

5. 独处时感到舒服。

6. 独立于文化和环境,不随波逐流,追随自我决定的兴趣。

7. 对任何事情都怀有一种初学者的心态,保持好奇心。

8. 频繁的高峰体验,拥有充满意义的特殊经历。

9. 发自内心地真诚关心人类。

10. 与极少数人保持深度联系。

11. 尊重所有人,认为他们有价值,不因为表面特征对别人持有偏见。

12. 喜欢做一件事是由于这件事本身的意义,而不是简单地为了完成目标。

13. 富有哲理的幽默感。

14. 具有创造性。

15. 对文化规则持审视和批判的态度。

我们发现这15条大致涵盖了独立性、自主性、创造性、好奇心、真诚、尊重、信任、自我感觉以及体验的重要性,而这些都是健康自恋者的特征。健康自恋者不妄自菲薄,也不贬低他人,他们始终喜欢自己、信任自己,也坚信人生不应该受诸多外在条件的制约。每一刻,他们都真诚地体验自我,享受生命的丰厚。

第三章　我的情绪我做主

一、陌生城市历险记

认识自我的另一个重要方面,是了解自己的情绪。我们每个人都有自己的情绪反应,情绪似乎是一种看不见摸不着的东西,却又时时刻刻存在着。究竟什么是情绪反应呢?

想象一下,你到一个陌生的城市去拜访一位朋友。你是坐火车去的,下了火车之后,你看了看朋友留的地址,决定从车站步行到朋友的公寓。由于火车晚点,当你走在这条陌生的街区时,天已经黑了。这时候,你的手机没电了。你有些分辨不清方向,走了 20 分钟后,你开始想自己是不是走错路了。天已经晚了,街上的行人不多。你确定自己走错了方向。你想抄近道,穿过一条小巷返回火车站,在那里找一部公用电话联系你的朋友。小巷很黑,但是很短,可以让你更快地回到车站,所以你沿着巷子走了进去。你非常警惕,也有点紧张,因为你不熟悉这里的环境。你向后看时注意到有人跟着你拐进了小巷。你的心怦怦直跳。你转过头,看到前方也有人进入巷子。你突然感到自己落入了一个陷阱,于是浑身僵硬。两头的路被堵,你的的确确落入了险境。你的呼吸加速，感到一片混乱，头也发晕。你在心里盘算着该怎么办，可当两个人从两头向你逼近时，你还是不知所措。你的掌心渗出汗水，脖子和喉咙都感到紧张，似乎随时都会尖叫起来。两个人离你越来越近。你看看前面，再看看后面，胃也开始变得非常紧张。你很想跑，但不知道该往哪里跑。你内心充满恐惧，又动弹不得，惊颤地站在原地，不知道自己是该逃跑还是该为生命而反抗。突然，其中一个人喊出了你的名字。慌乱中的你认出那人竟是你的朋友。原来，他和室友在从车站到公寓的路上找你。你长长地舒了一口气，你的恐惧状态立刻平息了。身体平静下来，思维也清晰了。你热情地和你的朋友打招呼："吓了我一跳！见到你们真高兴！"①

在这段陌生城市的历险故事里，主人公体验到了极度的恐惧，当时他身体僵硬、呼吸加速、心跳加快、手心出汗，他还有逃跑或反抗的打算。这些就是他的情绪反应。

情绪由三部分组成：1. 主观感受或情感；2. 生理上的变化，主要是神经系统的变化，比如呼吸、心率、肌张力、血液化学物质以及身体、面部表情的相应变化；3. 行动倾向，比如大喊大叫、拥抱欢呼、撒腿逃跑。

情绪是人类与生俱来的伙伴，从出生到死亡，我们一直在和情绪打交道。但是很多时候，我们并不了解自己的情绪，也不明白情绪对我们的影响究竟有多大。最极端的情况下，我们甚至感觉不到自己有情绪。这时，我们往往会做出一些莫名其妙、连自己都不理解的事情，因为我们的身体先于意识做出了行动反应。

比如，一个大学生决定在新学期旁听一门哲学课程。他之所以做这个选择，仅仅是因为他相信学习哲学有利于提高自己的修养，而他不了解自己内心深处其

---

① ［美］兰迪·拉森、戴维·巴斯著，郭永玉等译，《人格心理学——人性的科学探索（第 2 版）》，人民邮电出版社，2011 年 8 月，第 371 页。

实对哲学并没有兴趣,甚至还挺厌烦。最后的结果是尽管这个学生一向对自己要求严格,却时常忘记哲学课的时间,三番两次错过上课,最终被迫放弃了这门课的学习。

在美剧《别对我说谎》里,专家通过对微表情和微动作的识别,判定嫌疑犯是否说谎,并还原事件真相。微表情通常指人类面部一闪即逝的瞬间表情,最短的持续时间只有1/25秒。微动作通常指微小和下意识的肢体动作。这样一个细微的表情和动作却可以泄露内心隐秘的情绪和不为人知或不自知的想法。比如,揉鼻子往往表示掩饰真相,因为人在情绪波动的时候,鼻子里的静脉血管扩张,可以通过揉鼻子来缓解。

因此,内心感受和生理反应、外显行为之间存在联系,这是人类情绪的特点之一。通过观察生理反应和行为,可以了解内心正在发生什么。

二、有趣的情绪能量

我们生活在一个情绪的世界里,每天都被各种各样的情绪包围着,这些情绪有的来自自己,有的来自他人,它们会交织在一起,组成一片色彩斑斓的情绪海洋。

如果用颜色来描述情绪,积极的情绪偏暖色调,消极的情绪偏冷色调。不知道你有没有这样的体会:在社交场合中,一个热情活泼的人会点燃全场的气氛,他就像一团红色的火焰跳动闪烁,让所有人感到激情和热量。另一些时候,当我们和一个悲观的人待在一起时,时间流逝得很缓慢,整个房间的色调变得灰暗沉郁。

我们发现,情绪会调动心理能量,不同情绪调动着不同种类的能量,有的轻盈,有的沉重,有的火热,有的冰冷,有的尖锐,有的温和,有的迅速,有的迟滞,我们只能凭借感受去觉察能量的存在。

科学家将情绪按照"积极—消极""高唤醒—低唤醒"两个维度取向进行划分。所谓"高唤醒"指更为强烈的情绪,"低唤醒"指更为平和的情绪,"积极"就是俗称

的"正面情绪",消极就是俗称的"负面情绪"。通过两个维度取向可以分出以下六个情绪组群:

积极高唤醒:兴高采烈、兴奋、活泼、热情

积极中唤醒:快乐、喜悦、愉快、高兴

积极低唤醒:轻松自在、满意、心平气和、安静

消极高唤醒:哀伤、焦虑、愤怒、敌对

消极中唤醒:悲哀、幽怨、不快、忧郁

消极低唤醒:无聊、昏昏欲睡、无精打采、枯燥无味

举个例子,在这张表格里,我们看到"兴奋"是一个高唤醒的情绪,调动的能量比较多,所以在兴奋过后我们常常觉得有点疲乏。"兴奋"又是积极情绪,所以尽管疲乏,仍然很令人享受。又比如,"幽怨"是个中唤醒的情绪,所以带给我们的消耗感不会很强烈,但是因为它同时是一个消极情绪,所以伴随着轻度的痛苦。当我们从这两个维度取向观察,似乎更能细致入微地体察自己此时此刻的心情。

事实上,人类的情绪体验比上面所列的项目还要多得多,比如欢乐、悲伤、愤怒、恐惧、害怕、羞愧、嫉妒、内疚、感激、厌烦、困惑、怨恨、懊悔、希望、失望、恼怒、温柔、仇恨、遗憾、感动、轻蔑等等。有人甚至归纳了数百个描述情绪和感受的汉语词汇。多种不同情绪可能会在内心同时萌生,而每一种情绪都具有更加细微的层次区别。这让我们每时每刻的情绪体验变得纷繁复杂,万花筒般千变万化。

情绪能量也可以转化为各种为社会接受的表达形式,比如小说家通过写作,音乐家通过谱曲,艺术家通过绘画和雕塑,电影导演通过拍摄影视作品,都可以传递情绪能量。观众在欣赏这些作品的时候,也能够接收到创作者传递的情绪能量。比如,美国悬疑片导演希区柯克童年时常常坐在阴暗的楼梯拐角,他的很多黑白电影作品都会渲染这种阴郁的体验。波兰音乐家肖邦创作的钢琴曲冲淡平和、惆怅缠绵,融合了多种微妙细腻的情绪感受,拨动听者的心弦,令人无限遐想。

三、情绪的暗箱

情绪是如此复杂,大多数时刻我们在意识层面不可能清晰地识别出自己的每一种情绪。经过千万年的进化,人类具有很强的适应能力,可以根据不同环境无意识地调节自己的情绪反应。当某些负面情绪让我们难以忍受的时候,心灵会把它们深深埋藏在一个看不见的暗箱里,甚至遗忘它们的存在。通过这样的巧妙操作,个体能让自己的感觉更加舒服一些。比如当重要亲人去世的时候,生者感受到的不是悲痛,而是漠然和麻木。因为悲痛的情绪属于过于巨大的高唤醒能量,超出了个体当时的承受能力,于是被调离意识层面,转入隐秘的心灵区域封存起来,代之以个体比较容易接受的低唤醒情绪能量——漠然。

有时候,我们会用一种自己更能接受的情绪去替代自己难以忍受的情绪。有个真实的故事:有个小偷半夜潜入了一对老夫妻家里。老先生发现入室行窃,非常愤怒地从卧室追赶出来,小偷吓得连滚带爬地逃跑了。结果,老先生成功地保护了自己的家,没有遭受人身伤害和财产损失。如果你问这个老先生当时怕不怕,他会回答一点儿都不感觉害怕,因为自己完全被气坏了。其实,面对突发危险时,恐惧情绪是人的本能反应。老先生不害怕可能是因为在当时的处境下,恐惧只会让他软弱无力,而愤怒则可以让他更有力量保护自己和家人,所以他无意识地选择用愤怒替代恐惧。在爆发的愤怒下面也许蕴藏着深深的恐惧而不自知。这就是一种潜意识层面的暗箱操作。

在无意识的暗箱中,常见的情绪操作包括:

1. 分裂:将正面情绪和负面情绪分割并指向不同对象。比如孩子认为妈妈高大神圣,爸爸一无是处。孩子通过忽视妈妈的缺点,来保留对妈妈的好印象。

2. 投射:将自己不能接受的情绪想成是来自于别人的。比如某人被朋友欺骗,对朋友丝毫不生气,却想象朋友在对自己生气。

3. 否认:通过拒绝承认难以接受的情绪来保护自己。比如因为害怕而拒绝承认自己得了重病。

4. 解离：通过切断自己与当下现实的联系来逃避痛苦的情绪。比如孩子被父母打骂时，感觉麻木。

5. 行动化：用行动来掩盖对痛苦情绪的意识。比如考试失利后，以通宵打游戏来回避沮丧的情绪。

6. 退行：退回到幼儿状态以逃避焦虑情绪。比如在重要工作面试之前，搬回父母家里让父母照顾自己。

7. 隔离：保留思维功能而不体验情绪。比如妻子在挚爱的丈夫去世之后感觉不到任何情绪。

8. 替代：情绪对象被替换成另一个令人更舒服的对象。比如孩子心里对爸爸很生气，却转而对弟弟妹妹发脾气。

9. 躯体化：情绪被转换成身体感觉表达出来。比如某先生在已故妻子的周年忌日胃痉挛发作。

10. 撤销：通过行动消除难以接受的情绪。比如因为负疚感而不断洗手。

11. 压抑：在意识层面感受不到自己的情绪。比如因为对考试感到焦虑而遗忘了考试的日期。

12. 反向：将难以接受的情绪反转成对立的情绪。比如妈妈通过过分溺爱孩子来压制对孩子整夜不睡觉的愤怒。

13. 幽默：用开玩笑的方式化解令人不适的情绪。比如犯错误之后当众自嘲。

14. 升华：用有价值的形式表达不舒适的情绪。比如沉浸在悲伤中的作曲家通过创作来表达情绪。

情绪的暗箱操作五花八门，了解其运作规律有利于我们深度觉察自己的情绪能量。我们的情绪能量不仅复杂多变，而且像广袤的地质结构那样具有很多层次。比如，表层感受到的欣快感可能是为了掩盖深层的抑郁感，深层的抑郁感则可能是为了掩盖更深层的愤怒。可以说,认识自我在很大程度上正是了解自己情绪能量的"地质结构"。

四、情绪与身体

情绪是这么捉摸不定,有时候我们自己都不明白自己的心情是什么。幸好存在一条秘密渠道,通过它来了解情绪非常管用,那就是我们的身体。

生理反应是情绪的表达渠道之一。情绪强烈的时候,人类会不可避免地产生躯体感觉。比如,在考试前心慌气短、胃部难受,频繁上厕所;说话紧张时常常感到喉头哽住发不出声音;走进电梯之类的密闭空间感到窒息;听到不幸的消息,胸口像被重重撞了一下。这些都是情绪导致生理反应的典型例子。

在临床心理医学上有一种病理诊断叫"癔症",指的就是情绪状态转化为躯体反应的病理现象。

比如战斗开始前,一名新兵出现身体瘫痪的症状,被迫从前线撤下来接受治疗,医生却发现这名新兵神经完好,没有任何器质性病变。经研究发现,这名新兵的突发性瘫痪是心因性的。在战前,由于他的恐惧情绪达到了顶点,又找不到任何方式缓解,于是转化为身体瘫痪的方式进行释放,同时也令自己得到保护,躲过在战场上阵亡的厄运。这就是所谓的"癔症性瘫痪"。

医学实践发现,人的生理和心理是两个交叉影响的系统,情绪状态会影响生理状态,生理状态也会影响情绪状态。德国的两位当代心理医生托·德特勒夫森和吕·达尔克曾合写了一部讲述生理疾病与情绪关系的著作《疾病的希望》,书中对临床上的每一种生理症状都作出了心理层面和情绪层面的解读。古代东方文明也秉持"心身一体"的理念。中医讲,七情六欲对人的五脏六腑具有很深的影响,比如"喜伤心、怒伤肝、忧伤肺、思伤脾、恐伤肾"。反过来,要深入觉察和调整情绪,从身体入手是一个非常便捷的途径。

影视剧和畅销小说经常会大肆渲染一种叫"催眠"的心理疗法。其实,催眠疗法并不神秘,奏效的前提是先让病人在催眠师的指令下进行身体放松,其原理就是情绪和身体具有同步性。当病人的身体放松时,精神也会随之放松,给催眠师以施展治疗的空间。

虽然大多数人不会催眠,但是每个人都可以通过身体反应来觉察自己的情绪。头疼、胸闷、肩颈疼痛、胃部不适、四肢发麻,诸如此类的身体反应表明焦虑、压抑、恐惧、忧郁等消极情绪的存在。我们每天临睡前可以保持清醒状态平躺一会儿,感受来自身体的各种信号,认真分辨它们来自什么样的情绪。积压的情绪常常得到这样的关注和疏导,就不至于对我们的健康和生活造成很大负面影响。

更加积极的态度是让身体主动参与情绪调节的过程。比如经常运动健身,使体内能量有一个正向的循环过程,带动情绪能量代谢,促进体内血清素、多巴胺、脑内啡等物质的合成,令情绪始终处于积极状态。也可以通过瑜伽、打坐等更为静态的锻炼方式,细致入微地体会身体的微小变化和情绪的细微起伏,对自己身心状态洞悉无遗,在更深层次上认识自我。

五、梦中的情绪

除了通过身体感觉来了解情绪,另一个重要方式就是通过自己的梦来了解。

奥地利心理学家弗洛伊德写了一部划时代的著作《梦的解析》。弗洛伊德相信,人类的梦具有心理学意义,是人类潜意识愿望的表达。通过梦的渠道,可以接近个体潜意识的情绪和欲望。

了解自己在梦中的情绪是非常有价值的。很多人从梦中醒来后,对于梦的内容可能已经遗忘,但是对梦中感受到的情绪很久之后都记忆犹新。

弗洛伊德曾说过:"在梦中如果我害怕强盗,当然这强盗只是想象的,不过那害怕却是真实的。在梦中如果我感到高兴,也是一样。由感觉知道,梦中所经验到的情感,与清醒时具有相同强度的经验相比毫不逊色;而梦确实以更大的精力,要求把其情感纳入真实的精神体验中。"

梦中的情绪可以分为两类:

1. 梦者体验到的情绪

梦者做梦时以及梦醒后所感到的喜怒哀乐,具有直接性和刺激性。

比如,愤怒的梦。一个成年男人梦见父亲一直在批评他,他在他父亲的眼里从来就没有好过。父亲用非言语的方式表达这个看法,就是从来不给予任何认可、任何欣赏。梦者对此感受非常强烈。开始梦者什么也没说,但后来他突然反抗:他站到父亲面前,脸几乎就贴着父亲的脸,他把对父亲的想法当着父亲的面大叫大嚷出来。纯粹的愤怒从他心里涌出来,他们都表达了对彼此真正的憎恨,激烈得令人惊讶。梦者的母亲坐在他身边不知所措。梦者就是在这种强烈的情绪感受和震惊中醒来。他从未想到过自己会有如此激烈的感受!

梦者在"真实生活"中与其父亲有着良好的关系,至少表面上如此。不过,这个梦暴露出某种未解决的内心冲突,认可与肯定的缺乏依然会引发愤怒。父亲在梦中也象征性地代表权威、已建立的秩序、规定。这个梦是梦者未认识到的愤怒情绪能量的一个出口。[1]

比如,悲伤的梦。梦者仿佛身处一座装潢精美、格调优雅的宫殿中。梦中几乎大部分时间他都在闲逛。当他走到一幅巨大的油画前,他被那幅画所吸引,然后就一直停在那里看那幅画,直到这个梦结束。醒来的时候,他能清晰地记得那幅画中的每一个细节。接着一股从心底涌起的莫名伤感令他无法抑制,他开始哭起来。从最初默默地流泪,一直到最后失声痛哭。但是,他并不清楚到底是为什么。

梦者终于想起,5年前,一个朋友约他去看画展。当他们走过一幅画前时,她突然拉住他的手示意他停下,然后指着那幅画告诉他:画中这位展示出背影的人物,是一个患有小儿麻痹症的残疾少女。说完,她带着一种近乎悲悯的表情一直凝视着这幅画。当时,梦者的心思完全不在画上,只是瞟了一眼而已。没想到多

① [比]米杉著,倪男奇译,《梦的真相——梦的心理学解析与疗愈》,世界图书出版公司,2010年7月,第26页。

年以后,他在梦中彻底重现了这幅画的每一个细节。当他后来找到这幅画的时候,一瞬间,所有的记忆像涌出闸门般冲进了意识层。他也知道了自己伤心的原因,那位曾约他去看画展的朋友在 3 年前去世了。[①]

2. 梦中内容所象征的情绪

这是梦者没有感知到的情感,它是隐藏在梦者的行为、人格、潜意识、处境状况中的。要完成对自我情绪的充分认识,不仅要理解梦中第一类情绪的含义,也要觉悟第二类隐藏的情绪。

比如,失禁的梦。有一位女性在梦中,梦见自己的大便快要漏出来了,她很害怕,想要尽快摆脱这种尴尬状况。她想逃离友人聚会的场所,但大便怎么也摆脱不了,居然沾到了她的大腿上。她感到一阵强烈的恐惧感,就醒了过来。

这个梦的表面,她体验到一种对大便失控的羞耻感和恐惧心理。在梦中她想要藏起、消除这些大便,以干净的身子走出友人聚会的场所,但大便还是漏出来了,给她造成了很大的烦恼和耻辱。但事实上这些大便可能象征着梦者在现实生活中无法摆脱的、令她大为厌恶的人或事件,在暗中紧紧地纠缠着她。因此,这个大便失禁的梦是一个威胁性的梦,象征着压力、情感不安的梦。如果仅仅体会羞耻的情绪,将失去对另一部分情绪的洞察。[②]

比如,逃避婚姻的梦。有一个女生梦见回到小时候学校的操场上,很高兴地和一群人玩耍。玩着玩着,她好像一下子长大了,一个清秀的年轻男人围着她献殷勤,让她去他家玩。她不肯去,男人坚持要她去,她拼命逃到邻居阿婆家里,发现里面空无一人,她顺着过道厅一个劲地往里跑,寻找藏身之处。她终于找到一个小房间,感觉房间很柔和,像想象中的新房。男人进来强行拉她在房间里结婚,双方父母都很高兴,她不知道自己高兴不高兴,没有感觉。

———————————

① 高铭著,《人人都能梦的解析》,武汉大学出版社,2011 年 1 月,第 158 页。
② 徐光兴著,《解梦九讲——心理咨询与治疗的艺术》,华东师范大学出版社,2007 年 12 月,第 114 页。

尽管梦者强调没有感觉,但是这个梦反映了她内心的矛盾状况。学校操场表示她很留恋童年的无忧无虑。青年男子的追赶表示现实中男友求婚和父母催婚带来的压力。逃进小房间是童年没有得到满足的需要在梦中的补偿,反映出她对家庭温暖的渴望。梦的结局暗示将来她可能会不得不屈从于别人,遵守传统观念而结婚。在没有感觉的背后,是梦者内心对未来婚姻生活缺乏安全感的担忧。[①]

无论梦中情绪是上述哪一种情况,当梦中包含强烈的情绪体验时,需要对情绪感受加以识别和关注。虽然梦中的情境完全是虚构的,但情绪却是真实的,它们代表大量未经处理的情绪能量。情绪不是作为梦中画面和情境的结果而呈现的。恰恰相反,梦中的画面是由情绪引发创造的。你醒来时如果还有强烈的情绪感受,可以躺在床上不要起来,花点时间敞开面对这些感受,呼吸这些感受,陪伴自己耐心地体会这些情绪。随着体会的深入,内心情绪能量会发生转化,完成一个自我疗愈的过程。

六、我就是这么不快乐

学校的心理咨询室是个很特别的地方,学生们带着各式各样的烦恼来到这里,有学业问题,有人际关系问题,有恋爱问题,有自信心问题,有家庭问题,这些问题让他们的生活布满阴霾。尽管问题五花八门,如果从情绪的角度看,主要分为两类:第一类是和过去发生的事有关;第二类是和将来还没发生的事有关。

以人际关系为例,比如说,A同学觉得自己昨天对朋友说的一句话很不合适,一直为此耿耿于怀,这是第一类;B同学明天要参加一个朋友聚会,但是不知道怎么打扮自己合适,他犹豫是不是找个借口不去算了,这是属于第二类。以个人能力为例,比如说,C同学上次英语演讲表现很差劲,一想到这件事,他的心情就低落到低谷,这是第一类;D同学下周就要进入数学竞赛复赛了,可是他还没有准备

---

① 徐光兴著,《解梦九讲——心理咨询与治疗的艺术》,华东师范大学出版社,2007年12月,第121页。

充分,每天晚上都担心得睡不着,这是第二类。

第一类问题一般称之为"抑郁",在情绪上的主要表现是沮丧、低落、空虚、悲伤、绝望,行为上懒言少语、人际退缩、无心做事,严重的甚至有自杀自伤倾向。第二类问题一般称之为"焦虑",在情绪上的主要表现是担心、紧张、急切、恐惧、惊慌、坐立不安,躯体上可能出现大量流汗、腹泻、呼吸和心跳加速等反应。当发现自己陷入消极情绪的时候,可以体会一下,究竟是属于第一类还是第二类,或者两者兼而有之。

抑郁和焦虑的情绪看似由生活事件触发,但是仔细想想,同一件事对不同人的情绪影响很可能大不相同。因此,在看似偶然的触发事件之下,存在着一种更为稳固的内在心理结构作为抑郁和焦虑发生的基础。如果能对这一心理结构做更多的探索,也许可以更好地处理抑郁和焦虑这两种负面情绪。

临床研究发现,除了生活中突发的创伤性事件所导致的应激反应,抑郁情绪的根源往往可以追溯到个体早期生活经历中重要亲人的丧失。这种丧失可能发生在现实层面,比如父母中的一方因为疾病、事故去世,或者因为工作或离异搬去外地,或者孩子被寄养到家庭之外的场所;也可能发生在心理层面上,比如尽管父母在孩子身边,却对孩子的心理需要疏于照顾,导致孩子感受不到父母的存在。

儿童需要依赖抚养者才能存活。如果他们发现抚养者缺位或者不可靠,就必须在接受现实和否认现实之间做出选择。如果选择接受抚养者很糟糕这一现实,可能会因此觉得生活空虚而毫无意义,成年以后容易陷入缺憾、渴求、徒劳以及绝望的情绪中,在情感上深深依赖他人;如果因为无法承受糟糕的抚养者所带来的恐惧而选择否认现实,就只能将抱怨指向自己,选择毫无理由地自责。

比如,某位深爱着孩子的父亲被调往外地工作,孩子感到原先慈爱的父亲离他而去,继而对父亲产生怨恨,但是这种怨恨难以抵消对父亲的渴望,并且还为自己没能珍惜父亲曾经的陪伴而深深自责。于是,孩子将针对父亲的怨恨情绪投射到父亲身上,想象父亲是因为愤恨自己才毅然离去的。孩子盼望与父亲重修旧好,因此潜意识地确信,只有改变自己的错误,才能改变所有的一切。于是,孩子深深陷入创伤体验和丧失造成的内疚痛苦之中,产生了抑郁情绪。当这个孩子成年之后,仍然很容易陷入抑郁情绪中,他始终相信所有过错都在自己身上,对过去追悔莫及,也很难向他人表达敌意和批评。

抑郁情绪也是一种感觉生活无意义的态度。无意义的感觉是一种指征,表明个体对自我的感知觉不再完整统一,无法将注意力集中于任何的意图和理想。当抑郁情绪占上风的时候,一直以来用以统整个体行为的目标似乎消失了。抑郁情绪的背后是规避无助感、获取支持和援助以重建其生活意义、重新找回自我方向感的需要。

比如,一名大学生对自己所学专业不感兴趣,当初是因为高考发挥失常而被调剂到现有专业的。在大学几年中,他觉得自己一直在浪费时间,毫无收获,找不到人生的方向,也不知道怎样进行调整。于是,他意志消沉,懒于行动,陷入抑郁状态。

再说说焦虑情绪的心理结构。焦虑情绪有很多种,主要包括毁灭焦虑、分离焦虑、道德焦虑等。

毁灭焦虑是最严重的一种,指害怕来自外界的迫害和入侵,担心因为与他人融合为一而丧失自我和他人之间的界线。毁灭焦虑源于个体早期的不良生命体验。一种可能是个体幼年和抚养者的关系特别疏离,受到过度忽视和拒绝,被照顾的需要没有得到充分满足,因而常常陷于被遗弃的幻想和恐惧中。另一种可能是抚养者违背个体的自我意志,与之过度紧密地接触,破坏了个体的自我边界感,令个体感到窒息,担心被湮没或吞噬。

比如,一名新生搬进宿舍后开始整晚失眠,宿舍里的灯光、室友的动静都对他造成强烈的刺激,令他神经紧张不安。这名新生体验到的焦虑情绪来自于自己的内在世界被入侵的感觉。再比如,一位新郎在快要步入婚姻殿堂的时候,忽然感到没来由的恐惧,很可能就是毁灭焦虑在作祟。婚姻关系在某种意义上意味着融合。新郎在潜意识中担心亲密关系将破坏自我的边界,自己的独立性和完整性会被婚姻吞噬。

分离焦虑指由分离引起的紧张不安的情绪反应。孩子学步的时候,母亲会陪在孩子身边,孩子走出几步会回到母亲怀里。当确认母亲还在原地之后,孩子继续向外探索,逐渐和母亲分离,营建自己的独立性。如果在学步过程中,母亲因为难以割舍而牢牢抓住孩子不放,或者因为嫌孩子粘人而将他推开,分离就无法顺利完成。孩子成年之后,分离时这种患得患失的心情始终挥之不去,令其无法顺利进入人生下一个阶段,迎接新的挑战。

比如,某个中学生计划高中毕业后去国外继续深造,于是积极准备托福考试。这个学生英语成绩一向很优秀,父母老师都认为托福考试对他不成问题。不幸的是,他连考了几次,成绩都不理想,而且越考越没有信心,最后只得遗憾地放弃出国计划。如果从分离焦虑的角度理解,这个学生考试失利的潜在原因可能是害怕远离父母,在国外独立生活。考试失利看似是一种失败,实则成功地避免了分离发生。

道德焦虑指因为无法达到内在的道德标准而产生罪恶感或受到良心上的折磨。个体幼年时,有时候按照个人欲望行事,违背伦理道德或社会礼仪,因而遭到父母的惩罚。个体因为害怕失去父母的爱,逐渐内化父母的道德观,并为违背道德的行为而焦虑不安。

比如,某个大学生正在熬夜赶一篇论文,他的室友却拉他去网吧通宵打游戏。打完游戏,他开始担心论文的事,不知道上课时怎么向导师解释,同时也觉得非常内疚和自责。

如果说毁灭焦虑是担心失去自我,分离焦虑则是担心失去对方,而道德焦虑则是担心失去对方的爱。

每个人的成长过程都不是一帆风顺的,难免经历这样那样的创伤。抑郁和焦虑是很常见的情绪,在生命的任何一个阶段都可能发生,不必过于大惊小怪。更重要的可能是,当感觉自己不快乐的时候,学会向他人求助,更要学会对情绪进行自我调节。

七、做自己的情绪容器

一直以来青少年期都被描述为一段情绪混乱的时期。这种观点有点过于刻板,青少年并不总是处于一种"暴风骤雨"的情绪状态。然而,青少年早期会更频繁地出现情绪高峰和情绪低谷。很多情况下,青少年的情绪强度与引发这些情绪的事件似乎是不相称的。他们可能常常会生闷气,不知道该如何充分表达自己的感觉,也可能毫无理由地对家人发脾气,将不愉快的感受投射到另一个人身上。

青春期激素水平会发生显著变化,情绪波动可能与该时期激素水平的变化有关。随着他们进入成年期,情绪变得不再那么极端,可能是因为他们已经适应了自己的激素水平。引起青春期情绪变化的外在因素包括升学、恋爱关系、友谊等。新的环境容易增加青少年的消极情绪,浪漫关系中包含的脆弱和混乱也可能激起情绪变化。当青少年受到抑郁、愤怒等负面情绪的影响时,可能引发诸如学习困难、物质滥用、青少年犯罪和饮食障碍等问题。

健康的身体具有免疫力,可以自动识别和消灭外界侵入的病毒细菌,处理自身病变的细胞。健康的心理也同样具有免疫力,当发生负面情绪时,会自动通过压抑、转化等方式进行自主调节。在青春期,个体可能会意识到自己的情绪周期,比如在愤怒之后感觉内疚。这种新的意识可能会提升个体应对自身情绪的能力,在向别人表达自己的情绪方面,逐渐变得更有技巧性,比如意识到在社交中掩饰愤怒的重要性和以建设性的方式沟通情绪对于改善关系质量的重要性。

一般来说,善于容忍和调节自我情绪,表现在以下几方面:

1. 意识到情绪表达对人际关系具有重要作用。

2. 通过减少消极情绪的强度及其持续时间等一些自我调节策略,适应性地应对消极情绪。

3. 理解内在情绪状态不一定与外在表情一致。

4. 意识到自己的情绪状态,而不被其击溃。

5. 觉察他人的情绪。

不过,自我心理调节功能并非总能奏效,有时候个体不得不借助特定行为方式来缓解负面情绪带来的痛苦。针对糟糕的情绪,常常会听到"心情不好就去健身""吃冰激凌能改善心情"这样的建议。这类建议归纳起来大致是一种理念:负面情绪可以通过外在刺激干预得到调节。真有这么简单吗?

2016 年末,北京大学心理咨询与治疗中心与国内专业心理咨询服务平台"简单心理"联合发布了《2016 年心理健康认知度与心理咨询行业调查报告》。在这份调查报告中,有个调查项目叫"应对心理困扰时使用的方法"。调查报告以"专业—非专业""自助—寻求帮助"两个维度划分出四类应对行为,对 1 291 份有效样本进行百分比统计,结果如下:

1. 专业—自助行为:阅读心理书籍(64.1%),上网查找资料(50.3%)

2. 专业—求助行为:心理咨询(31.1%),心理专科就诊(10.8%),拨打心理热线(8.3%)

3. 非专业—自助行为:休闲活动、购物、美食、电影、音乐等(67.5%),休息(62.9%),运动(41.8%),旅游(17.8%)

4. 非专业—求助行为:跟朋友聊天(55%)

我们发现,在人群中以休闲、购物、美食、电影、音乐等活动方式舒缓情绪所占百分比最高,这即是"通过外在刺激调节情绪"这一大众理念的证明。但统计数据同时告诉我们,这种方法并不能解决根本问题,使用此方法的人群相比平均水平有更多心理困扰。

为什么心理咨询之类的专业应对方式比大众习惯采用的应对方式更具效果呢?因为大众方式更倾向于通过转移注意力暂时缓解痛苦,而专业方式更关注情绪问题产生的内在原因,致力于清理被污染情绪的源头。一个是扬汤止沸,一个是釜底抽薪,效果当然不同。

上一节对抑郁与焦虑情绪做了简要分析,那么陷入这类负面情绪怎么办? 除了寻找学校和社会的心理咨询师求助,我们自己能做些什么?

情绪调节是一门很深的学问。在生活中我们会发现,有些人情绪比较稳定,不容易出现波动,有些人则容易大惊小怪,或者情绪失控。是什么造成了如此巨大的差异?

英国精神分析学家威尔弗雷德·比昂曾对人类如何习得情绪调节的能力做过独到的阐释。通过观察,比昂发现婴儿刚出生时没有调节情绪的能力,他们常常被极端的且未经调节的情绪所淹没,并且会通过哭泣、喃喃自语、肢体语言表达出来。这些未经调节的情绪是没有被赋予意义或未被命名的感觉印象,它们被婴儿心理当作外来的异体,只适于被排泄出来。它们不能被思考,不能以语言词汇表达,也不能产生意义。善解人意的父母能接纳婴儿的这些情绪,包容它们、调节它们,尝试理解并对这些情绪赋予意义,然后将之返还给孩子。随着时间的推移,孩子逐渐内化这个过程并学会容纳自己的情绪,获得认识情绪体验的能力,这种能力是孩子先前不曾具备的。比昂将父母容纳情绪的能力比作一个容器,容器体积越大、内部越空,帮助孩子调节情绪的能力就越强。父母容器体积越小、容器内部自带的未经处理的情绪越多,就越不可能承接和调节孩子的情绪。因此,根据比昂的容器理论,排除先天气质和基因遗传的作用,个体情绪的稳定性和情绪调节能力,与幼年时个体感受到的父母容器的功能具有密不可分的关系。

明白了这个道理,不妨思考一下,自己现在正接近成年或者已经成年,不可能穿越回到嗷嗷待哺的童年,让父母时时刻刻陪在我们身边,像容器般耐心地陪伴我们感受负面情绪。但是,我们可以向学校的心理咨询老师求助,请他们临时承担容器的角色,在咨询中温暖而稳定地陪伴我们,帮助我们调节负面情绪。

如果没有接受心理咨询的条件,仍然可以尝试做自己的情绪容器,自己分饰两个角色,既是被容纳者,同时又是容纳者。一些修行有成的人在入定时心如止

水,即是充当了自己情绪感受的容器。我们普通人在情绪特别糟糕的时候,可以做这个练习:

　　找一个安静无人、不受打扰的房间,里面最好有一张柔软舒适、带靠背的椅子或沙发。如果是白天,可以拉开窗帘,让阳光照进房间,如果是晚上,就开着灯。以全身放松的姿势靠坐在椅子上,然后闭上眼睛,保持自然而缓慢的呼吸。想象阳光照满自己的全身,很温暖很舒服,身体的每一个部位随着呼吸逐渐放松,同时保持感知,不要入睡。

　　想象自己胸膛里面出现了一个透明的神奇魔法瓶,什么形状都可以。那些糟糕的情绪被逐渐吸进了魔法瓶里。想象那些情绪的样子,是气态、液态,还是固态?是什么颜色?在瓶子里是否运动变化?或者会不会幻化出什么别的形象?保持身体放松,然后耐心地观察体会,直到感觉疲倦。

如果你觉得有效果,可以每天抽时间做,直到摆脱负面情绪的束缚。这个练习的原理即是容器理论与意象技术的结合,通过想象锻炼,扩大自我心理容器的容量,以提高情绪调节能力。

即使不做这样的练习,如果尝试在日常生活中以包容的心态对待自己,比如抑郁的时候允许自己对别人感到愤怒,焦虑的时候意识到对自己的要求过于苛刻,纠结的时候容忍各种冲突的情绪,那么你就是在做自己的情绪容器。

第四章　引爆我的小宇宙

一、《月亮和六便士》的启示

英国有位作家叫毛姆,毛姆写过一部著名小说叫《月亮和六便士》,讲的是一个证券交易所的经纪人改行当画家的故事。据说,这部小说主人公的原型是法国后印象派画家高更。

高更曾经是巴黎的一个股票经纪人,他和妻子梅特生有五个孩子,一家人过着中产阶级的富足生活。高更一直想画画。但是,股票经纪人的工作占据了他全部的时间。1874年,巴黎首次举办了印象派画展(作家毛姆恰巧也出生在那一年)。26岁的高更参观画展后,被印象派的画风深深震撼,产生了要成为画家的强烈愿望。他用股票经纪人的收入购置了大量的画作,他相信这是发掘自己绘画潜能的最佳途径。

后来,高更工作的银行开始出现财务困难,高更的收入下降,全家人也从巴黎搬到了消费水平更低的鲁昂小镇。高更将更多时间花在画画上,他的收入越来越少,以至于他的婚姻出现了危机。高更希望能当画家,而他妻子更希望丈夫继续从事股票经纪人的工作,全家能重返巴黎回到过去的富足生活中。

这时,高更做了一个大胆的决定。他离开妻子和五个孩子,带着绝对的真诚和坚定去挖掘自己作为一名艺术家的潜能。1891年，他逃离世俗文明，去寻找一种新的生活、一种更适合他绘画风格的生活。他隐居到南太平洋的塔希提岛，过着孤独的创作生活。他崇尚原始、大胆和真诚。他那率真单纯而近于原始艺术的绘画风格不见容于主流审美，令他陷入身无分文的窘境。生活的磨难和巨大的精神压力令他曾经自杀，得救后，他完成了创作生涯中最大的一幅油画——传世杰作《我们从哪里来？我们是谁？我们往哪里去?》。高更终老于远离西方文明世界的孤岛。在高更逝世16年之后，毛姆将他一生的传奇故事写成了小说。

高更的人生经历涉及一个非常复杂的议题，即物质生活、道德伦理、社会责任和个人潜能的冲突。他本可以作为一位富有责任感的银行家和股票经纪人，与其深爱的妻子和五个需要照顾的孩子共度物质富足的一生。但是，他真切地感受到自己具有成为一名杰出艺术家的潜能。他应该响应成为艺术家这一内心呼唤，还是应该履行作为丈夫、父亲和家庭供养者的责任？是应该义无反顾地追逐天上的月亮，还是应该踏踏实实地拾起地上的六便士？对于他抛妻别子，追求自我实现这一行为，究竟应该如何评判？对于他所获得的成功，又应该如何看待？假如他抛弃家庭，在艺术追求上却失败了，又该如何评价？当个人担负的责任和内心要成为某种人的呼唤发生冲突时，到底该何去何从？

当个人的潜能兴趣与外在世界的价值观格格不入时，青少年很容易陷入迷茫的心境。比如，喜欢学习语言的孩子，父母期待他去学会计，因为父母认为会计专业就业前景更好；组织能力强的孩子，本来想找个实习机会锻炼自己的工作能力，同学却建议他考研究生提升学历。当青少年面临着择校择业等重大抉择时，这个考验的本质是他们对自己的潜能到底有几分信心。

《解忧杂货店》的故事里有个青年叫克郎。克郎从中学时代起就对音乐很感兴趣，初二那年去同学家玩，看到同学哥哥的一把吉他。同学教他弹奏吉他，虽然是第一次接触，不太会弹，但在他反复练习之后，就能弹出一段简单的旋律了。当时他的那种喜悦，很难用语言形容。几天后，他鼓起勇气向父母要求买把吉他。

尽管父亲生气地咆哮，后来还是拗不过执着的克郎，从当铺给他买了把旧民谣吉他。克郎白天努力念书，勤奋练习吉他，就连晚上睡觉时也把吉他放在枕边。

高中时，克郎和朋友组成乐队，在很多地方公开演出。克郎担任主唱，除了翻唱现成的歌曲，渐渐开始演奏自己的原创歌曲。考上东京一所经济学院之后，乐队解散了。克郎被规划的人生路线是继承父母在老家经营的鱼店，但是他并不甘心就此放弃音乐梦想。他开始不断挑战业余歌唱比赛，把每天醒着的时间都花在音乐上，渐渐不去上学。终于有一天，克郎打电话告诉父母，自己退学了。吃惊的父母当天赶到东京和克郎彻夜长谈。父母的意见是如果他不上大学，就赶紧回家继承鱼店。克郎没有答应，他毫不让步地说，如果那样做，他会后悔终生。他要继续留在东京，实现梦想。目送父母失望地离开，克郎心里非常歉疚。

克郎在东京奋斗了三年，依然一无所获。有一次，一位音乐评论家评论说，克郎歌唱得很不错，但是克郎的声音没有特色，创作的歌曲也没有新意，建议他不要抱希望成为职业歌手。尖锐的批评令克郎既懊恼又伤心，难道自己真的没有音乐才华吗？

这时候，年迈的奶奶突然去世，克郎怀着纠结的心情回老家参加葬礼。克郎已经做好了被父母埋怨、被亲戚责怪的心理准备。到家后，他发现一向强悍的父亲健康状态每况愈下，正逐渐丧失经营家传鱼店的体力，而亲戚们得知克郎无意继承祖业，开始觊觎克郎家的这块鱼店招牌。好强的父亲一方面硬撑着不肯出让祖业，另一方面在众人面前支持儿子的音乐梦想，甚至和叔叔发生了冲突。克郎百感交集，陷入前所未有的矛盾中，不知道自己在音乐和鱼店之间应该怎样抉择。

克郎面临的是一个青春期的典型困境：当面对现实压力的时候，我们是否可以按照自己的真实意愿做出选择。现实总是复杂的。比如在克郎的故事里，亲人并没有站在克郎的对立面反对，而是经过慎重考虑，站在了他这一边坚定地支持他的梦想，而克郎又亲眼目睹了家庭的经济困境和父母令人担忧的健康状况。对克郎来说，压力并非来自双亲的反对，而是源于责任感的逼迫、良心的谴责，以及对自己潜能的质疑。

就像高更和克郎，我们每个人在进行人生的重要抉择时，都会面对各种不同的外部压力和内部压力。如果我们对自己的能力并没有十足的信心，那么哪怕心里有一个所谓的梦想，坚持它也会非常艰难。

二、未选择的路

"潜能"是一个非常广泛的概念。比较容易让我们联想到的、更为直观的概念是"智力"。当代科学相信，每个人的智力有相当部分来自先天遗传，印刻在基因里。不同的心理学家对人类的智力结构进行过不同的设想和分类。

比如，美国心理学家瑟斯顿认为智力是由一群彼此无关的原始能力构成。瑟斯顿根据对 56 种测验结果的统计分析，把智力归纳为 7 种基本的心理能力：语词理解能力、言语流畅性、数字计算能力、推理能力、机械记忆能力、空间知觉能力、知觉速度。

比如，美国心理学家吉尔福特提出一个智力三维结构理论，用内容、操作、产品三个维度构成一个立体模型来描述智力结构。在这个三维结构的模型里，可以推测出存在着 120 种智力因素。经过长期研究，目前已确认其中 98 种智力因素的存在。

当代另有研究发现，手指纹与大脑先天多元智能之间存在关联性。逐渐推广的皮纹测试正是基于这一原理，通过对儿童手掌纹和十指指纹的分析，检测出儿童大脑发育、皮质层状态、灰层的分布情况，进而判断其最有潜力的发展方向。在实践过程中，发现每个儿童在某一或某几方面先天具备更有优势的智力潜能。

上述任何一项智力研究都表明，人在智力方面先天具有差异性，而每个人都有自己与生俱来的优势和潜能。也就是说，只要拥有健康的心智，就不存在所谓"一无是处"的人。

除去智力，在自信心、自尊感、好奇心、开创性等其他诸多方面，人类也具有先天的发展潜能。对每个人来说,问题只在于在多大程度上自己的潜能可以得到识别和保护,并获得机会开发和施展,也就是通常说的"发挥潜能"。

有些人非常幸运,他们的人生目标非常明确,自信而有活力,对自己要做的事充满信心,也能够合理地运用自己的天赋能力。美国心理学家罗杰斯有个核心概念叫"机能充分发挥者",指的是那些正通向自我实现路途中的人。机能充分发挥者实际上或许并没到达自我实现的终点,但他们在朝向这一目标的过程中不会受到阻碍或发生偏离。他们普遍具有这样的特征:善于接受新经验;喜欢日常生活的多样性和新奇性;既不纠缠于过去的遗憾,也不生活在对将来的担心中,他们关注当下;相信自己的感觉和判断;当面临选择时,不会盲目迎合他人,他们相信自己能够出色地完成任务,不墨守成规,也不画地为牢,自己设定目标,并努力达成目标。

找到一条属于自己的路绝不是一件容易的事。很多时候,他人出于好意的规劝和指导都会让我们偏离原先想走的路。现实的条件、经济的压力等也会对人的选择造成莫大干扰。

当代社会,很多时候偏向以适应性模式取代自我实现模式,作为个体发展的基本要求,即个人的成长以适应社会现实为基础。先是学业竞争,继而是求职竞争,一切努力以在茫茫人海中谋求生存、收入和社会地位为终极目标。这种带有很强引导性和胁迫性的发展目标甚至在童年期就被强行注入到个体的精神生活中,比如通过与同辈的不断竞争获得个体的存在感和优势感,而个人较少有机会体验到从事某项活动时发自内心的愉悦感。以适应性为要求的个人发展思路带有很大的功利性和局限性,从长远来看,会限制个体对于世界的探索热情和潜能的充分发挥。

如果有一天,个体能够模糊地感受到自己的优势和潜能,他势必面临一个选择:究竟是在自己的直觉指引下摸索未知的荒原,还是和大多数人并肩走一条以生存、社会地位等为目的的路?

美国诗人罗伯特·弗罗斯特写过一首诗《未选择的路》，生动描述了这样的人生选择：

黄色的树林里分出两条路，
可惜我不能两条路都走，
身为旅客，我伫立良久，
并尽我所能地，向一条路眺望，
直望到它拐弯，消失在丛林深处。

尔后，我踏上另一条路，同样美好，
或许我还有更好的理由选它，
因为它绿草萋萋，还不曾被践踏，
虽然我要说，一旦我经过，
就同样难免会把足迹留下。

那天早上，两条路都盖满落叶，
还没有脚印将它们踩乱弄脏。
哦，待我改天再走第一条路吧！
然而我知道，道路接引着道路，
我也拿不准能否回返旧地。

岁月流逝，将来在某个地方，
我会叹一口气，讲起这一切：
两条路分开在一个林间，而我——
我选择了人迹罕至的那一条，

从那一刻起，一切的差别就已铸就。

三、给动力火车加油

大家可能得出这样的印象：如果能充分发挥自己的潜能，个体就会生活得更加真实和快乐。实际上，现实比这个设想更加复杂。某些情况下，个体即使发挥了天赋潜能也未必快乐。这就牵涉到"内部动机"和"外部动机"。

一个人愿意去做一件事，存在两种动机可能。一种叫"内部动机"，主要基于内部因素，比如自我决定、好奇心、挑战性以及个人努力等。一种叫"外部动机"，主要基于外部因素，比如奖励和惩罚。这两种动机截然不同。

举个简单的例子，有些青少年之所以努力学习，是因为内部动机驱使他们在学业上达到高标准，他们发自内心地热爱学业，怀着满腔热忱投入到学业中。他们不计较自己的得分，不计较是否能评上三好生或获得奖学金，他们只是喜欢所学的科目本身。他们在课外花更多的时间阅读和科目相关的课外书，在互联网上搜索更多的信息资料，做深入的研究和思考，也热衷于和兴趣爱好相同的朋友切磋讨论。另一些青少年努力学习，是因为他们想要拿高分，或者避免父母的指责，或者希望塑造一个优秀学生的形象，或者恪守"学海无涯苦作舟"的训条。

心理学家武志红曾经对美国歌手布兰妮·斯皮尔斯做过一个成长分析。布兰妮是美国大红大紫的流行歌手，专辑销量动辄百万张，也屡获音乐界的重大奖项。布兰妮是个人潜能充分发挥的绝佳示例。按理说，她应该生活得很幸福。但是，布兰妮的私人生活非常不幸，接二连三离婚和遭遇不靠谱的男人，还时常爆出吸毒、剃发之类的丑闻。这个不幸的"坏女孩"和她所塑造的热情活力的公众形象完全像两个人。这是怎么回事？

原来，布兰妮的母亲在其中起了关键作用。布兰妮的母亲一直有一个明星梦，从布兰妮两岁起，她就带着女儿四处奔波，希望把她送上荧幕。布兰妮小时候就加盟电视节目《米老鼠俱乐部》开始演艺生涯。布兰妮生来具备音乐和表演天赋,按照母亲的明星养成计划,她的天赋得到充分发掘,脱颖而出成为一代当红巨星。但是,头顶闪耀明星光环的布兰妮并不快乐,某种意义上,她的成功只是为实现母亲的梦想。成为"坏女孩"的行为更像是在向强控制的母亲表达愤怒和反抗。因此,取得成功的布兰妮并不完全是一个内部动机的成就者。

内部动机的成就者有什么样的特征呢? 一般来说,他们具有四个特点:

1. 自我决定和个人抉择;

2. 高峰体验;

3. 兴趣;

4. 认知参与和自我责任心。

自我决定和个人抉择,意味着出于自身的意愿去做某件事情,而不是为了获得外在的奖励。实验研究发现,当学生想要实施某项任务并开始做这件事的时候,如果教师为他们提供不同的选择,同时鼓励学生对自己的行为负责,那么相比"控制组","自我决定组"的学生会获得较高的学业成就,更可能顺利地从学校毕业。

高峰体验是指体验到掌控感,全神贯注于某一活动时,会感到非常愉悦和快乐。比如一个孩子刚学会轮滑,穿着轮滑鞋在地上快速滑行的时候,可以体验到无与伦比的幸福。可见,当个体发现自己所应对的挑战难度适中时,最容易出现高峰体验。如果个体技能水平较高,但任务的挑战性较低,会产生厌倦。当感觉任务挑战性和自身能力水平都较低的时候,会表现出冷漠。当感觉自己的能力不足以驾驭挑战时,则会出现焦虑反应。

兴趣与深度学习之间关系密切。当个体对某个问题有兴趣,更容易沉浸于对核心思想的探索和对难以理解的问题的思考。科学家茶饭不思、废寝忘食地沉迷于某一门学问,艺术家对自己的创作近乎严苛的审视,都是以个人兴趣为巨大动力的。

比尔·盖茨13岁开始计算机编程设计,17岁以4 200美元的价格卖掉了他的第一个电脑编程作品,买主是他的高中学校,18岁考入哈佛大学,一年后从哈佛退学,两年后与好友一起创办微软公司。比尔·盖茨锲而不舍地从事软件开发,单纯地出于个人爱好,而不是学位、荣誉、经济回报等其他因素。

认知参与和自我责任心是指个体自我对学习更加负责、更加努力和坚持不懈,不是为了简单完成学习任务或考试及格就敷衍了事。这就涉及个体的学习内容能否融入到有意义的情境中,特别是与个体兴趣相吻合的真实场景。比如一个女孩参加兴趣班,学会编织手工艺品。父母帮着孩子在小区门口摆摊,把她制作的手工艺品标价出售。当别的孩子看到这些工艺作品非常喜欢,孩子们的父母也愿意出钱购买,在女孩眼中,制作手工艺品就成了一件有意义的行为,这将推动她以更大的热情投入其中。

当我们可以区别两种机油——内部动力机油和外部动力机油时,我们才能因时因势地为自己的动力火车添加机油,驱动它朝着自我实现的未来奔驰。

四、发挥潜能的三件法宝

既然每个人都有自己的优势潜能,怎样才能引爆我们自己的小宇宙,让它绽放出绚烂的光彩呢?

美国心理学家罗杰斯是一位临床经验非常丰富的治疗师。罗杰斯做治疗有一个基本取向:帮助一个人回到自我实现的道路上去。这种治疗方法被称作“人本治疗”或者“来访者中心疗法”。这种疗法的核心假设是:个体在其自身内部有着广阔的潜力可用于自我理解,改变自我概念、态度和自我导向的行为,并且只要向其提供具有促进作用的一种可界定的氛围,那么这种潜力就会被开发出来。

无论是治疗师与来访者、父母与子女、领导与下属,教师与学生,还是同事、同学、同辈之间,这种促进成长的氛围都包含三个条件,也就是帮助个体发挥潜能的三件法宝:

第一个核心条件是真诚。长辈越以真实面目出现,不带面具伪装自己,孩子就越有可能以一种建设性的方式获得改变和成长。真诚意味着长辈毫不隐瞒自己此刻的情感和态度。长辈当时强烈的情感体验或出现在意识中的想法,要与孩子表达的内容相近或相符。

在现实生活中,由于种种原因,比如社会习俗、道德礼节、人际间的顾虑、自我防御、自我中心的人格特质、树立权威的需要或者个人的情绪状态,人们很难做到对彼此真诚和坦率。但是,在一段长期而紧密的关系里,真诚的缺失会带来创伤性的影响,尤其对于未成年人。缺乏真诚的关系会让孩子逐渐失去对真实感受的体验,更习惯于虚与委蛇或循规蹈矩,要不就习得圆滑世故、喜怒不形于色的处事原则,要不就形成拘谨小心、刻板生硬的行为特征。无论哪一种后果,都是将个体的目光更多投向外部,而不是自身内部。在一个缺乏真诚和滋养的环境里,个体为了生存被迫过早地学会适应外部环境,迎合外部环境对他的各种要求。个体与自己的内在联结被迫中断,关于自己的一切逐渐变得遥远而不可触摸,一同消失的还包括内在的情绪、感受、兴趣、意志、力量、欲望和雄心。

如果养育者和师长能以真诚的不带矫饰的态度表达自己,就为青少年树立了一个追求真实感和诚意的绝佳示范,通过模仿、认同和内化,青少年逐渐学会真实地感受自己和表达自己。

有部美国心理小说叫《诊疗椅上的谎言》,讲一个女病人因为曾经在心理治疗中经受创伤和背叛,带着恶意找到一个新治疗师接受治疗。女病人企图通过性诱惑拖新治疗师下水,摧毁他的职业生涯,以报复前一个治疗师对自己造成的伤害。新治疗师是一个毕业不久的年轻医生,尽管他的治疗经验不够丰富,但是他对女病人满怀关切。他不但拒绝了女病人的各种诱惑,而且自始至终表现出真诚的态度,最终让女病人内心产生了深刻的变化。故事中,这位年轻治疗师的名字叫"恩尼斯",而在英文中这个词的意思就是"真诚"。

第二个重要条件是对孩子无条件地积极关注。在学习生活中,无论孩子怎样,长辈都保持一种积极的、非评价的、接纳的态度。接纳包括关心孩子在当时体验到的任何情感——困惑、厌恶、恐惧、愤怒、勇气、爱或自豪。当长辈完全无条件地关注来访者,孩子更容易发生改变。

人在迷茫和受挫的时候,最不容易看到自己身上的闪光点和优势。不论是自我谴责,还是极度的羞耻感,都让我们丧失力量。而来自师长坚定不移的肯定和认可,无疑会给个体树立更牢固的信心和自我认同感,也能帮助个体更容易体会自己原先并不在意的优势潜能。"无条件"意味着存在本身就是价值,就是生命的奇迹,值得尊重和赞叹。肯定并非因为任何外在条件的满足,而是个体存在本身的自然状态。

女作家阿娜伊斯·宁曾接受精神分析学家奥托·兰克的心理治疗,她在日记中写道:"我内心生长的不是芬芳的鲜花,也不是甜蜜的果实,而是困扰和焦虑。兰克医生不把此类症状称为疾病,而称之为大自然的私生子,与那些出生合法、高贵的兄弟姐妹们一样美丽迷人。兰克医生的这一理念深深地吸引着我。"

法国文豪雨果的小说《悲惨世界》中,有这样一段情节:冉·阿让是一个被关押 19 年的苦役犯,假释出狱后又遭到社会冷遇。冉·阿让怀着对全社会的憎恨和强烈的报复心到处流浪。有一回,好心的主教将饥寒交迫的冉·阿让收留在自己简陋的家中用餐过夜,当作兄弟一样对待。半夜,满怀恶念的冉·阿让企图杀人行窃。但当他潜进卧室,看到月光照在主教熟睡时真诚而慈祥的脸上,他居然下不了手。于是,他卷走了主教家所有的银器趁夜潜逃。第二天,冉·阿让不幸被巡逻警察抓住,送回到主教家门前。警察向主教确认,这些银器是不是冉·阿让从府上盗走的。主教回答警察,银器不是冉·阿让偷的,是自己送给他的,并说还有一对银烛台冉·阿让忘记拿了,请他一起拿走。这段经历令冉·阿让前半生树立的价值观彻底崩塌,从此他隐姓埋名,脱胎换骨,成为一心造福社会的善人,也成为了滨海蒙特勒伊市的市长。

第三个重要条件是共情。长辈准确地感觉到孩子正在体验的情感,并与孩子沟通这种接纳性的理解。长辈深深进入孩子的个人世界中,不仅能够认清孩子意识到的部分,而且能认清那些孩子尚未意识到的部分。长辈只是认真倾听孩子说话,并把它们反馈给孩子,就像是一面镜子,帮助孩子全面地、毫不歪曲地检查它们,并越来越理解自己。

下面这个例子很好地说明了怎样作为一面镜子来理解对方:

孩子:我不知道下个学期该选择哪些课程?我希望有人能替我做出选择。

家长:你正在寻找一个人告诉你怎么做。

孩子:是的,但是我知道这是不可能的。唉!假如连我自己都没有一点头绪,谁还能为我做出正确的决定呢?

家长:你发现你在选课的事上有很大的困难,而且非常烦恼。

孩子:是的,在做这样的决定时,我的朋友中没有人会有困难。

家长:你感觉你的状态不太正常,与别的同学不同。

孩子:是的,我快疯了。我本应该能够选出4到5门课并确定下来,但我却不能。我知道我很蠢。

家长:你以为选课是一件小事,但是你因为不能做出决定而埋怨自己。

孩子:是的,它确实是一件非常小的事,难道不是么?假如这些课程还没有选好,我就可以一直更改我的选择。

家长:你有很多选择,假如有些课程不适合你,你可以不选。

在这段示例中,家长没有简单地给出答案,告诉孩子该选择哪些课程,而是陪伴孩子一点点体会面临选课问题时的烦躁情绪,直到孩子自己逐渐找到想要的答案。

在现实生活中,我们可以做一个这样的练习:找一个朋友,向他描述生活中的一个小问题,请他尝试给你两种反馈:第一,尝试确切地重复你所说的内容,表明他理解这些事实,比如说"我听到你说……";第二,把你提到的任何感受确切地叙述给你听,表明他明白你的感受,比如说"在这种状况下,你感觉到……",你可以纠正他或者进一步详细描述那种状况或感受。如果进行顺利,你应该感受到他真正理解了你,并正在鼓励你探讨问题发生的情境和你在该情境中的感受。

五、奇怪的课堂

1958 年夏天,心理学家罗杰斯应邀到一所顶尖的美国私立大学布兰迪斯大学讲一门为期四周的课程——《人格的变化过程》。这门课每周上三次,每次两小时。选这门课的学生形形色色,有教师、心理学博士研究生、咨询员、牧师、独立开业的心理咨询师、学校的心理学家,都比较成熟,经验阅历也比较丰富。

第一堂课,罗杰斯和 25 个学生围坐在一张大桌子周围,他建议大家做个自我介绍并谈谈自己的学习意图。随之而来的是一阵令人紧张的沉默,没有人出声。终于,为了打破沉默,有人不好意思地举手了,匆匆说了几句,接着又是令人不安的沉默,然后又有人举手。此后,学生们的手举得越来越快。整个过程中,罗杰斯没有敦促一个学生发言。

接着,罗杰斯告诉全班学生,他随身带来了大量的材料:复印材料、小册子、文章、书,还有一套推荐阅读的参考书目。他没有表现出希望学生阅读或做别的什么事情的意愿,他只提出一个请求:是否有学生愿意把这些材料放在特意为参加这门课的学生保留的房间里?立即有两个学生表示愿意。罗杰斯说,他还带了一些心理治疗方面的录音带,还有一些电影。这引起了一阵兴奋,学生们问是否可以听一听、看一看,罗杰斯说可以。全班就商量着安排起来,学生们自愿去放录音、找放映机。

接下来的四堂课艰难又令人灰心,全班似乎没有取得任何进展。学生说话很随便,想到什么就说什么,一切似乎毫无秩序又漫无目的,好像完全在浪费光阴。

有一个学生提到罗杰斯的某些思想理念,接下来发言的学生则对此全然不顾,又把全班引到另外一个方向;第三个又彻底撇开前两个,开始转到别的新鲜事上。有时候,大家或多或少地会努力讨论同一内容,但在很大程度上,课程的进程似乎缺乏连贯性和方向性。罗杰斯聚精会神地关注并听取课堂里每一个人的发言,至于学生的表现是否适当,对他来说根本就不是一个问题。

学生们对于这样一种完全没有结构的教学氛围一点儿都没有思想准备,他们陷入困惑和沮丧,不知道怎么进行下去。他们希望老师继续扮演那个习惯和传统分配的角色,用权威的语言向他们阐明是非对错。他们摊开的笔记本静静地等待着记录老师的真知灼见,然而却始终是空白的。

比较神奇的是,从一开始,即使在感到恼火的时候,学生们都感觉他们互相联结在一起了。课堂之外,哪怕在最沮丧的时候,他们也一直在进行兴奋而激动的交流。这样的交流在以前任何课堂上都不曾有过。全班被一种共同而独特的体验联结在一起。在罗杰斯式的课堂上,他们说出了自己的想法,这些话既不是出自课本,也不是老师的思想,或者来自什么别的权威。这些想法和感受发自他们的内心。

在这种自由的课堂气氛中,学生们说出了平常很少说的事情,这是他们自己不曾料到的,几乎毫无思想准备。在此期间,罗杰斯曾多次受到打击,好像也有很多次发生了动摇。很多时候,学生对他很愤怒。奇怪的是,学生们对他又产生了特别的感情。这个表面温和的老师有着钢铁一样牢固的古怪念头,并且顽固地拒绝改变自己的主意。很长一段时间,学生和老师处于僵持状态。

一次,一个学生又建议罗杰斯讲一小时课,再进行课堂讨论,罗杰斯说他随身带了一篇尚未发表的文章,学生们可以自己看。学生坚持说,如果由作者本人讲解,效果比学生自己读要好。罗杰斯问其他学生这是不是他们想要的,学生们说"是的"。于是,罗杰斯念了一个小时文章,整个过程让学生们感到乏味而失望,简直昏昏欲睡。这次之后,学生们所有对讲课进一步的要求又被老师"镇压"下去了。罗杰斯对学生们说:"你们要求我讲课,我的确是一个资源,可是,我的讲课又有什么意义呢?我已经带来了大量的材料,很多讲稿的复印件、文章、书、录音带、电影。"

在第五堂课上,学生们互相交谈。他们绕开了罗杰斯,自由表达、互相倾听。以前那个别别扭扭的旧团体变成了一个能够互相作用的新团体,它以独特的方式运作着,在他们之间产生的讨论和思考无法被其他团体复制。老师以某种方式和团体融合在一起,但是课堂的中心始终是团体,而不是老师。

在这个偶然拼凑成的班级中,学生们变得互相亲近,他们真实的自我逐渐显现出来,当他们的真实自我互相碰撞时,不时出现令人吃惊的顿悟、启示与理解。有时候,全班安静下来,每个人都被神秘的温暖和关爱所包围。每个人都感受到更多的自由,更能接纳自己和他人,更能开放地面对新观点。即使出现意见分歧,彼此的攻击也变得柔和。短短几周里,有强迫症状的学生开始放松,害羞的学生变得开朗,攻击性强的学生变得更加敏感温和。

常常到了晚上十点,还有很多学生待在那个教室里阅读,直到保安驱赶才不得不离开。他们花在这门课程上的学习时间比其他课程多得多。无论在课堂上还是在课外,学生们上瘾一样地交流思想。罗杰斯的学生讨论起问题生气勃勃,他们渴望汇聚在一起,即使在食堂吃饭的时候,他们也很容易被辨认出来。有时候,由于没有足够大的餐桌,他们里三层外三层地团团围坐,干脆把盘子放在腿上吃饭,以便一起讨论。在课外,学生们还自发组织更多的活动,比如野餐聚会、发起出版活动、建立心理咨询小组、参观精神病院、观摩实验、为课堂引进更多的学习资料等。

课程结束时,罗杰斯本人没有给学生打分,而是由每个学生自己建议一个分数。

在传统教学中,指导者要讲课,要指定学生读什么、学什么。学生则忠实地把这些内容记在笔记本上,然后考试,是好是坏取决于考试结果。考完之后,是一种到了终点的体验,然后遗忘规律立即开始无情地发挥作用。

　　而在罗杰斯这个"奇怪"的课堂上,老师不上课,不考试,也不打分,也不给任何指导意见,学习过程是自发和自由的。一开始,学生们不相信老师会拒绝传统的角色。他们耗费了四堂课的时间认识到自己的错误。他们意识到如果真的希望发生什么,他们自己得提供一些东西,得接受挑战主动发言。在这个没有结构、也没有标准的课堂里,每个人都可以全身心投入其中。学习也没有终点,即使课程结束,知识的世界依然向他们开放着。

　　罗杰斯"非指导性教学"的成功案例,再次说明个体小宇宙的引爆需要一个宽容、积极关注而非强制性与指导性的外在容器。在这样一个环境里,个体的好奇心、创造性、活力和潜能能够被充分激发,朝着健康的方向一路发展。

第五章　设定我的旅行坐标

一、你害怕自由吗

心理医生斯科特·派克写过一本有名的心理读物《少有人走的路》，书中讲到过一个故事：

30 岁时，派克在医院的工作总是排得满满的，工作量远远多于其他同事。别的医生下午四点半下班回家，派克要工作到晚上八九点钟。派克心里很不满，疲劳感与日俱增，于是找精神门诊部主任贝吉里反映情况，希望能多安排几个星期的假期。

贝吉里耐心听完派克的叙述，沉默了一会儿，同情地对他说："哦，我看得出来，你确实有问题。"

派克感激地问："谢谢您！那么，您认为我应该怎么办呢？"

贝吉里说："我不是告诉你了吗，斯科特，你有问题。"

派克觉得贝吉里的回答驴唇不对马嘴，完全不是他要的答案，他有些不悦地说："是的，您说得没错，我知道我有问题，所以才来找您的。您认为我该怎么办呢？"

贝吉里说："斯科特，很明显你没弄懂我的意思。我听了你的想法，也理解你的状况,你现在的确有问题。"

"好啦好啦,我知道我有问题,我来这里之前就知道了! 可问题在于,我究竟该怎么办呢?"

"斯科特,认真听好,我再说一遍:我同意你的话。你现在确实有问题! 说得更清楚些,你的问题和时间有关。是你的时间,不是我的时间。这不是我的问题,是你的问题。你,斯科特·派克,在时间管理方面出了问题。我就说这么多。"

派克气得要命,转身就走,一连三个月,满肚子都是火气。他觉得贝吉里有人格障碍,自己谦虚地向他请教,他却漠然置之,不肯承担责任,哪有资格做门诊部主任?

三个月后,派克逐渐意识到贝吉里没有错,患有人格障碍的是自己,而不是贝吉里。他的时间安排是因为自己认真负责,只有自己才能承担。他比其他同事花更多的时间治疗患者,是他自己选择的结果。看到同事们比自己早几个小时回家,他很难受,被妻子抱怨越来越不顾家,也令他很愤懑。但是,他的沉重负担不是命运造成的,也不是这份职业本身的残酷,更不是上司的压榨逼迫,而是他自己的选择。自己完全可以像同事们那样安排时间。嫉妒他们自由自在,其实是憎恨自己的选择,可这样的选择一度让自己引以为荣、沾沾自喜。想通了这一切以后,对于比自己更早下班的同事,派克不再心怀嫉妒。虽然他还是像以前一样工作,心态却发生了根本的改变。

当派克请求贝吉里为他安排工作时间时,其实是在逃避自己安排工作时间的痛苦,而这是他选择努力工作的必然结果。他向贝吉里求助是希望增加贝吉里控制自己的权力,请求贝吉里为自己负责。力图把责任推给别人,就意味着自己甘愿处于附属地位,把自己的自由、权力拱手让人。

德国心理学家埃里克·弗洛姆写过一部名著《逃避自由》。书中写道:在现代社会中,由于人的个性化日益加强,会获得越来越多的自由。但是,人际关系日益残酷和敌对,在心理上感到更多的孤独和不安。人们由于忍受不了这种伴随自由而来的孤独和寂寞,试图通过各种方式来逃避这种社会的自由。

有个将自由比作金币的比喻,说一个孩子出生的时候有 18 枚金币,因为他没有能力照顾自己,他的生活由父母全权管理,18 枚金币都掌握在父母手中。孩子长到一岁时,就获得了一些自由,比如行走、抓取东西,相当于从父母那里领到了一枚金币。随着孩子的成长,每一年都从父母那里获得一枚金币。到孩子 18 岁成年的时候,18 枚金币都传到了孩子手中。

青少年在成年前后,会体会到越来越多的自由。但是更多的自由是一种完全陌生的体验,可能会带来相当程度的焦虑不安。更多的自由意味着需要对自己承担更多的责任,比如直面现实的挫败,承认判断的失误,认识到所做的不明智选择。这些会将青少年的内心矛盾、脆弱、愤怒的部分清晰地呈现出来,也会粉碎很多夸大和理想化的幻觉。这时候,比较舒服的方式是找到一个权威(比如父母、老师、学长),将所有的责任推到权威身上,让权威为一切结果负责。这样做的好处是,万一选择出了问题,个体也不需要体会那些矛盾和脆弱的感受,可以将一腔愤恨倾泄到那个被指定的权威身上。比如说,将高考志愿的选择权交给父母,这样既不用费时费力去研究选择高校和专业,也不用承担因填报志愿失败而导致的直接后果。

逃避自由的倾向,从长远看,体现在生涯规划上;从近处看,体现在时间规划上。个体是愿意自己安排自己的学习生活,还是请父母代为操办?派克的故事就是一个很典型的例子。每个人都有工作学习的压力和娱乐休闲的需要,这两部分有时候会发生冲突。一个成熟的个体有能力协调自己内心的两部分冲突,将时间规划为一个合理的水平,既能保证完成学习工作目标,又能保证适当的休闲娱乐。较不成熟的个体则会倾向于回避亲自面对这个冲突,将时间管理权让渡给父母,由操心的父母通过外部施压对自己进行管理。这么做的有利之处是,将原本的内在矛盾外化,通过和父母抗争的方式去表达自己的内在矛盾,而自己不必承担因时间管理失衡而导致的自我谴责。

因此，不妨问问自己：在新的人生旅途上，是不是已经做好准备，享受新的自由，同时承担起新的责任？

二、设定我的旅行坐标

如果说人生是一场旅行，那么在旅途中设立一个个明确的坐标是非常重要的。

有个澳大利亚人叫朗达·拜恩，他原来是一个电视工作者。有一年，拜恩陷入人生低谷，父亲突然去世，工作遭遇瓶颈，家庭关系陷入僵局。遭遇重重打击的拜恩意外地发现了一个宇宙间的定律，叫作"吸引力法则"。吸引力法则的大致内容是指，当人的思想集中在某一领域的时候，跟这个领域相关的人、事、物就会被他吸引而来，给他的生活带来意想不到的变化。也就是说，这个世界本质上是心想事成的，一个人的人生会变成什么样，和他原初的设想有很大的关系。拜恩将这个启示拍成一部叫《秘密》的电影，在全球范围内获得了广泛的关注。

听起来"吸引力法则"是一个偏唯心主义的论点，除了个人体验和亲身经历，很难通过科学实验证实其可靠性。但是，起码可以从中汲取到一点价值，那就是心理暗示会对人产生巨大作用。有效暗示可以影响人的信念、动力、行为和情绪。

在广告领域，这种暗示功能被发挥到极致。比如，屏幕上在播放一条肯德基新推出的汉堡的广告，广告里鲜艳的色彩、令人垂涎的汉堡、俊男靓女的形象给观众留下了深刻的印象。当观众下次走进肯德基的时候，不由自主就想点这个新汉堡尝尝。这时候对观众来说，新汉堡不仅意味着全新的口感体验，也暗示着和广告里俊男靓女一样充满活力，并过着和他们一样时尚而快乐的生活。

在很多成功学训练中，暗示法也很常见。通常的训练法是每天大声告诉自己，自己将会取得什么样的成就、达到一个什么样的目标。通过日复一日的重复暗示，培养坚定的信心和执行力。

有个学生问老师：我怎么样才能成为一个演说家？老师回答：找一张演说家

当众演讲的照片贴在床头,每天起床都看一下,想象那就是未来的你。直到有一天,你完全相信那就是你的未来,你一定就能成为一个演说家。

树立终极目标与否固然直接关系到最终的成败,但树立终极目标只是万里长征的第一步。在旅行前,资深驴友总是会先做旅游攻略,一份完备可靠的攻略里首先必须标明数个目的地,此行将访问哪几个地方,先后次序是什么,到达每个目的地大约使用什么样的交通工具、耗时多久。一旦攻略在手,我们才知道千里之行怎样始于足下。

在人生旅途上,每个人也需要制定一份自己的攻略。这份攻略包含远期规划、中期规划和近期规划,它们就像人生旅途中设定的一个个大小不一的坐标,指引着前进的方向。

在所有坐标中,制定近期规划是尤为重要的一环,它必须明确、现实并具有挑战性。近期规划可能涉及未来一年,或一个学期,或一个月,或一周。它的目标不应该是"我想要成功"之类模糊而抽象的口号,而应该切实可行,比如:"我要在本学期末进入优等生行列","我要在下一次数学测试中考 90 分以上","我要在星期天下午四点之前完成所有家庭作业"等。近期目标要与自身能力水平达成最优匹配,如果目标太高,不切实际,会导致不断失败,最终降低自信心、损伤自尊感,不利于获得内在动力所必需的高峰体验。

这样循序渐进,通过不断调整短期规划、实现短期目标,一步步为中长期目标打下坚实的基础,最终实现心想事成的美好愿望。

三、拖拉这只拦路虎

制定了目标,下一步就是着手实施。但是,对不少患有"拖延症"的人来说,实施计划是非常艰难的。那么,拖延症的核心究竟是什么?

有个关于寒号鸟的童话故事,说的是有一只奇特的鸟叫"寒号鸟",它的外貌会随着季节变化。每到夏季,寒号鸟身上会长满五颜六色的羽毛,丰满又漂亮。

秋天来了,有些鸟飞往遥远的南方过冬,留下的鸟都忙着垒窝抵御寒冬。只有寒号鸟仍然到处闲逛,炫耀美丽的羽毛。冬天到了,寒风呼啸,雪花飘舞,羽毛掉光的寒号鸟被冻得直打哆嗦。它每天总是唱:"哆啰啰,哆啰啰,寒风冻死我,明天就垒窝。"可是每当寒夜过去太阳出来,寒号鸟就忘了自己的诺言。一天天过去,它始终没有垒窝,最后被冻死在岩石缝里。寒号鸟的故事将拖拉的行为和懒惰的品质挂钩,指出拖延症的本质是缺乏远见、贪图一时安乐。这很符合常识上对拖拉的理解。

一位有拖延习惯的来访者找心理治疗师寻求帮助。治疗师和她讨论了工作、生活、婚姻、价值观等方方面面的话题,但是始终没有触及症结,双方都有点一筹莫展。有一次,他们偶尔谈到,来访者喜欢吃蛋糕,尤其喜欢吃蛋糕上涂抹的奶油,而且每次都会先吃奶油再吃蛋糕。他们从吃蛋糕的习惯出发,重新讨论来访者对待工作的态度。在上班的第一个小时里,她总是先完成容易和喜欢做的工作,而在剩下的六个小时里,她总是尽量回避那些棘手的差事。不知不觉时间过去了,工作却拖延下来。于是治疗师建议她在上班的第一个小时里,强迫自己先去解决棘手的工作,在剩下的时间里,工作就变得相对轻松了。治疗师解释:按一天工作七个小时计算,一个小时的痛苦加上六个小时的幸福,显然要比一个小时的幸福加上六个小时的痛苦划算。来访者完全同意治疗师的看法,并开始执行新安排,不久就彻底克服了拖延工作的毛病。

在小说《围城》中有这么一段有趣的论述:"天下只有两种人。譬如一串葡萄到手,一种人挑最好的先吃,另一种人把最好的留在最后吃。照例第一种人应该乐观,因为他每吃一颗都是吃剩的葡萄里最好的;第二种人应该悲观,因为他每吃一颗都是吃剩的葡萄里最坏的。不过事实上适得其反。缘故是第二种人还有希望,第一种人只有回忆。"先吃最好葡萄的人对未来其实持悲观态度,也许他内心深处怀疑如果把好葡萄保留下来,下一刻自己是否还有机会吃到?这个现象在心理学上叫"即刻满足"。而先吃最坏葡萄的人对未来持乐观态度,他相信一切会越来越好。东晋大画家顾恺之吃甘蔗喜欢从清淡无味的末梢吃起，别人问他原因，他说这叫"渐入佳境"。心理学上把这个现象叫做"延迟满足"。

20 世纪 60 年代，美国斯坦福大学心理学教授沃尔特·米歇尔设计了一个著名的关于"延迟满足"现象的实验。研究人员找来数十名儿童，让他们每个人都单独待在一个小房间里，桌子上的托盘里放着一颗儿童爱吃的棉花糖。研究人员告诉孩子们可以马上吃掉棉花糖，也可以等研究人员回来时再吃，如果能等到研究人员回来，还可以再得到一颗棉花糖作为奖励。大多数孩子坚持不到三分钟就放弃了。大约三分之一的孩子成功延迟了自己对棉花糖的欲望，他们等待了 15 分钟，直到研究人员回来兑现奖励。米歇尔将这三分之一的孩子描述为具有"延迟满足"的能力。后续跟踪研究发现，具有延迟满足能力的孩子入学后学习成绩比即刻满足的孩子高出很多，长大后更能面对压力，注意力更集中，更擅长维持与他人的友谊，不容易出现行为问题。

从即刻满足和延迟满足的角度，似乎可以这样理解：拖延症的核心在于能否忍受暂时的压力和失望，把享受的希望放在更久一点的未来。

除了缺乏延迟满足的能力，拖延症的另一个常见原因是追求完美。在有些人心中存在一种完美构想，自己完成的工作必须像一件完美的艺术品，从哪个角度看都毫无瑕疵，可以经得起任何挑剔的检验和评价。从创新方案的匠心独运到工作总结的井井有条，从演讲稿的字斟句酌到 PPT 的格式细节，追求完美者给自己设定了几乎难以达到的标准，并且从各个方面质疑自己可以完成的部分。在追求完美者的想象世界里只存在完美的成就和一塌糊涂的失败两种可能性。他们仰望的成功在高高的峰顶，而他们的立足之处则是低低的谷底。这种巨大的反差带来的是巨大的挫败和羞耻感、无穷无尽的抑郁和沮丧，目标变得遥不可及，每一点对完美的追求都需要耗费数倍的时间和精力，每一点有限的推进带来的不是喜悦，而是对自己的失望。随着对失败的畏惧不断累积和精疲力竭的自我消耗，追求完美者不堪重负，最终决定暂时搁置工作，做些别的事情以转移自己的注意力。

追求完美的本质是对自己过度理想化的要求,而过度理想化底层埋藏的是深深的弱小感和丑陋感。

对于追求完美者来说,首要任务是接受"足够好"这个概念。重要的不是面面俱到的完美,而是某个价值部分能得到体现,一点创意、一个亮点、一份诚意、一段思考,无论多么局部和微小,都是"足够好"的,有其自身的价值。其次,追求完美者需要了解,判断"完美"的标准本来就是很主观的,一件作品被一个人判定为完美,在另一个人那里也许会被判定为不完美。世界上根本不存在被所有人公认的绝对完美,就像找不到一个被所有人喜欢的人一样。放弃对完美的幻想,坚信自己存在的价值,是改变拖延症的第一步。

拖延症的第三个内在原因称作"被动攻击",即通过不合作的方式来表达自己的攻击性。比如父母比较强势,对孩子的学业要求很高,除学校作业外还布置大量的课外练习。如果孩子学习成绩没有达到父母的要求,父母动辄批评指责,从来不留情面。孩子在家庭中相对弱势,对父母敢怒而不敢言,不能正面对抗。这时,孩子的愤怒情绪可能通过"被动攻击"的形式释放出来,表现在学业上就是有意无意地降低学习效率、拖拉作业。如果父母责问,孩子就以"作业太多、时间不够"等理由应付,给父母碰个软钉子。

被动攻击现象的本质是外部动机压倒性地强于内部动机。对被动攻击的孩子来说,学习活动仅仅是迫于威势不得已而为之,内在缺乏矢志不渝的决心和热切的求知欲,自主性受到严重压抑。一味施压促发的学习活动势必难以持久。哪里有压抑,哪里就有反抗。健康的孩子具备丰富的内在资源和活力,必然产生抵触情绪,拒绝长期让渡自己的主体性,而是会通过各种迂回途径伸张对自己生活的主导权和选择权。

在学业的例子中,要改善被动攻击导致的拖延症,必须放弃简单的反抗打压的方式,从学习动机着手,化外部动机为内部动机,培养自主学习的兴趣和良性竞争的荣誉感,体会习得知识技能的快乐,享受丰富心智的成就感。

四、时间都去哪儿了

在实现梦想的旅途中，需要付出一个关键的成本叫"时间"。无论短期目标、中期目标还是长期目标，都需要投入时间完成。老天对每个人很公平，一天都是24小时，可是有些人抱怨时间不够用，另一些人却用同样多的时间高效地完成很多事。

在每所大学里都活跃着这样一群人：他们专业成绩名列前茅，总是包揽分量最重的奖学金；他们科研能力突出，学术成果斐然，也是学科竞赛的佼佼者；他们还可能在学生组织中担任要职，策划领导大型活动；有时候因为个人魅力和才艺，他们还会成为聚会的明星。他们仿佛是上天的宠儿，总是挥霍着用不完的时间。其实，这群人并不是长着三头六臂，只是比别人多一件法宝，那就是"时间管理"。

每个成功者都有自己独到的时间管理方法，这是通过实践和摸索逐渐获得的。比如美国著名管理学家科维提出过一个理论，把工作按照"重要"和"紧急"两个不同的维度进行划分，得出四个"象限"：

A. 重要而且紧急。属于这个象限的事情迫在眉睫，比如明天就要递交的论文或参加的考试，需要当下全力以赴地准备，不容许任何拖延。

B. 紧急但不重要。属于这个象限的事情需要优先决定，但是未必需要去做。比如有人突然约你打球、玩游戏或者逛街。这个时候，要考虑你手头有没有更为重要的事没有完成；如果有，是不是需要暂时搁置 B 象限的事情。或者，尽管有更为重要的事，但是你仍然需要做点 B 象限的事情来调节一下自己，以便以更好的状态投入后面的重要任务。切忌把"紧急"等同于"优先"，许多看似紧急的事，拖一拖甚至不办也无关大局。

C. 重要但不紧急。这类事的截止时间还没有到，但是必须要完成，比如数月之后的托福考试、期末论文答辩。尽管时间上的压力不大，鉴于 C 象限事情的重要性，仍然应该当成紧急的事去做，而不是往后拖延。决定一个人是否成功，往往是看他对待 C 象限事情的态度。

D. 既不紧急也不重要。可有可无的娱乐消遣、漫无目的的社交、玩手机、联网打游戏,都属于 D 象限。D 象限的事情除了消磨时间之外,并没有太大现实价值,只适合偶尔为之。如果 D 象限占据时间表的绝大部分,必然意味着工作是停滞不前的状态。

科维的理论主要是在优先级上做文章,而另一个重要的时间管理概念是效率。两个人在相同时长内做同一件事,结果可能是完全不同的。而决定结果的第一因素是效率。有人可以用 15 分钟的阅读时间领会一篇文献的要领,有人可能花了一个小时,还是不明所以。所以高效率生产出更多的时间。提高效率要注意几个要素:

1. 第一个要素是清空大脑,将注意力集中在目前正在做的事情上。人在专注的过程中,可以成倍发挥大脑潜能,理解力、洞察力、创造力都会上一个台阶。苹果公司创始人乔布斯每逢重大决策之前,习惯静坐默想,一旦豁然开朗,就智珠在握、成竹在胸。所以培养专注力是提高工作效率的前提。

2. 第二个要素是保持良好的生理状态。很多时候,生理状态决定效率,比如一个职业围棋手在生理巅峰状态下完全有可能击败实力高于自己的对手。疲劳和虚弱是高效的头号敌人,疲倦的时候宁可花一点时间休息,也胜过勉强工作。充足的睡眠永远是高效率的保证。如果坚持投入一定时间参加跑步、打球、游泳等健身运动,则更有利于保持良好的身心状态。

3. 第三个要素是排除干扰。每个人对工作环境的要求可能略有不同。最好能寻找一个安静、不受干扰的环境。一般来说,环境充斥噪声、说话声,过于炎热或寒冷,空气混浊,露天刮风下雨,都可能影响一个人的工作状态。有些人可以边工作边听音乐,有些人则完全受不了一点背景声音。

更糟糕的是人际干扰,比如有人打断你的工作请求你帮忙。有人写了这么一道有趣的公式:

被打断的时间成本＝（打断次数×13分钟＋帮忙时间×2）×被打断的频率

"打断次数×13分钟"是指，别人找你帮一次忙，就相当于你被打断一次。统计数据显示，被打断一次平均要花13分钟才能重新进入原先的工作状态。"帮忙时间×2"是指，给别人帮忙的时候你要放下手头工作，所以大致是双倍时间成本。"被打断频率"是指，你给别人帮了一个忙之后，下次他会更倾向于找你帮忙，所以就增加了你下次被打断的频率。公式发明者认为，如果你给别人帮忙要花20分钟，那么你的被打断的时间成本大约是1小时。

所以拒绝人际干扰成为时间管理中重要的一环。当然，这需要因时因地因人考虑，而不提倡一味拒绝接触、远离社交。

管理时间是非常个性化的，有人习惯用时间表的方式，有人习惯用任务清单的方式，有人喜欢设闹钟，有人制作小标签。当我们找到了属于自己的管理时间的方式，就能找回那些"跑掉"的时间。

五、我是怎么失败的

美国女孩米娅怀揣着当演员兼剧作家的梦想来到洛杉矶。她在华纳兄弟的片场当咖啡师，经常翘班去试镜，哪怕接到再小的角色也会欣喜若狂。小塞是一名出没酒吧的爵士钢琴师，对艺术有着近乎洁癖的追求。两人遇见彼此后，互相扶持着追逐梦想。但现实是残酷的，米娅在六年中经历了无数次失败，始终无人赏识。她顶着经济压力，在一家小剧院演出自己编剧的单人话剧，却只吸引到十来个观众。她绝望地回到老家，打算彻底放弃演艺梦想。这时，小塞开车赶到她家门口，通知她又有一个试镜机会。可是米娅告诉小塞，自己参加过无数次试镜，每次都以失败告终，也许是因为自己不够优秀。深深了解米娅才华的小塞反复告诉她，其实她很优秀。在小塞的鼓励下，米娅决定再次回到片场放手一搏，结果这一次获得了巨大成功。这是电影《爱乐之城》的情节，这一段转折的关键点在于米娅是如何看待自己的失败的。

心理学家将人们看待事件的方式称为"解释风格"。对事件原因的解释可以分为三个方面：

第一类，原因是内在的还是外在的。比如一个学生考试不及格，是出于自身的原因（学习能力不强、没有掌握知识点），还是外在的原因（老师授课方式有问题、考试时间太短）。有些人无论发生什么问题，都会指责自己，经常为自己无法控制的事情道歉，这就是内在解释风格。有些人倾向于将事件原因解释为无法控制的环境因素，即外在解释风格。

第二类，原因是稳定的还是不稳定的。比如一个员工递交的工作报告错字连篇，假如是因为写报告当天他发烧了，有点神志不清，这是不稳定的原因。如果是因为这个员工语文水平有限、缺乏写作技巧，这是比较持久稳定的特征。当糟糕的事情发生时，倾向于将事件的原因视作稳定的、长期存在的，就是稳定解释风格。反之，则是不稳定解释风格。

第三类，原因是特殊的还是一般的。特殊原因是指那些仅影响特定事件的原因，比如完成某件工作，而一般原因则影响生活中很多的事情、所有涉及智力的领域。比如一个人在公园散步时被抢劫了，他因此认为世界上所有的人都很坏，人类的本性是邪恶的。这就是一般解释风格。相反，如果他把这件事解释为有特定原因的，比如那个抢劫犯是坏人，就是特殊解释风格。

一个人提供任意一个解释，都可以从以上三个方面进行分析。大多数人在解释事件时会采取不同的解释风格组合，有时埋怨自己，有时埋怨外界，有时埋怨特定原因。然而，有些人发展出了相对稳定的解释风格，如果这种解释风格是悲观的，则会在个人发展之路上设置无形的障碍。

一般来说，外在的、不稳定的、特殊的解释风格是偏乐观的；内在的、稳定的、一般的解释风格是偏悲观的。以"好朋友和自己中断联系"这件事为例：

外在解释可以是：好朋友的父母对他施加压力，希望他减少交往，把心思放在学习上。

内在解释可以是：好朋友嫌我没考上重点中学，现在和他已经不在一个层次上了。

不稳定解释可以是：好朋友最近一个月要把精力放在会考上。

稳定解释可以是：好朋友一直都嫌弃我长得矮，和我在一起觉得丢人。

特殊解释可以是：好朋友发现我最近和另一个朋友过从甚密，有点吃醋。

一般解释可以是：友谊都是靠不住的，不可能维持很长时间。

悲观解释具有一叶障目的效果，将失败化成一座横亘在面前、永远不可翻越的山岭，令人很难看到希望。循环性地使用悲观解释风格让人永远丧失行动的能力，陷于沮丧和无力感之中动弹不得，放弃采取积极主动、适应性更强的行动。

因此，遭遇失败时，在顿足叹息之余不妨想一想，自己在用什么样的解释风格解读失败，在这种解读之外，是不是还存在另外一种可能性。

六、绝地反击的一刻

1995 年初的某天，在美国拉斯维加斯一幢高楼的顶楼房间里，一个男人按动旋钮，屋顶随即打开。透过玻璃，美丽的夜空清晰可见。男人躺在床上，一边看着满天繁星，一边想着自己的心事。他的随身物品已经被全部扣下，他也被拘禁在这里失去了自由。

故事还要从三年前讲起。1992 年，他在杭州开设了一家专业翻译社，当时经营得非常艰难，一个月的营业额大约 200 元，可光是房租就要花 700 元。于是，他背着口袋到义乌、广州进货，卖礼品、鲜花，用这些钱维持翻译社运营。这样一直坚持了三年，才开始收支平衡。一家国外公司来到浙江，号称要投资建造高速公路。他们邀请他做翻译，带他来到美国。后来，他发现这帮人谈判时说的话与事实不符，他们还要求他为一些子虚乌有的东西"作证"。他怀疑他们可能是一个国际诈骗组织，就拒绝跟他们合作。于是，对方开始威胁他，并用武力将他扣押下来。

两天之后,他终于逃离了这伙人的控制,却丢失了随身行李。离开黑窝之后,他并没有惊魂未定地立刻启程回国。他想起在杭州电子工业学院的外教同事之前聊起的因特网,那位同事的女婿就在西雅图当时仅有的网络公司工作。于是,他飞往西雅图找到了那家公司。公司里的人跟他说,要查什么就在电脑上输入什么。他输入了单词"beer"(啤酒),搜索结果有德国啤酒、美国啤酒和日本啤酒,就是没有中国啤酒。接着他又输入了单词"China"(中国),搜索结果却只有很简短的中国历史介绍。

这段经历让他萌生了一个想法:互联网是一个颇具潜力的工具,可以帮助中国的公司为世界所熟悉。回国之后,他筹借 2 000 美元开办了中国第一批网络公司之一的"中国黄页"。公司的业务就是把国内单位的资料投放到互联网上,让全世界可以看见。那一年,中国国内还没有互联网,绝大多数人不明白互联网是什么。他逢人就满怀激情地宣传互联网的优势,很多时候都被当成骗子,吃闭门羹更是家常便饭。可他始终没有放弃,每到最绝望的时刻,他都会付出加倍的努力。他坚信一句话:"很多人因为看见而相信,只有很少人因为相信而看见。"这个男人就是马云。

在人生旅程中,失败是不可避免的。文学家没有创作灵感,歌手写不出理想的歌曲,练习演讲的人克服不了结巴的习惯,练习滑板的时候不断地摔倒,创业者又一次血本无归……当失败的次数累积到一定程度,就会引发绝望感。站在绝境线上举目遥望,看不到前方有一点光亮,不免开始质疑信念和理想,也开始怀疑自己的天赋和能力。很难说服自己,所有努力都不会白费,也很难用乐观解释风格去理解我们所遭遇的一切挫折。

而这却往往是人生中为数不多的做出选择的关键时刻:是放下梦想、回归现实,还是拼死一搏、绝地反击?

历史告诉我们,最终的成功者往往选择了后者,绝境线恰恰是绝地反击的最好时刻。因为这是大多数人前进的极限，犹如长跑中的"极点"，而成功者就是那些能突破常人极限的人。

有位心理学家说过，古往今来的成功者和普通人相比，并不是智商更高，他们的优势仅仅在于心理素质和忍受挫折的能力更强一些。甚至不需要强很多，哪怕只强一点点，也足以把成千上万的人甩在身后。成功的道路并不拥挤，因为坚持的人不多。成功者是那些经得起折腾的人。

加拿大作家马尔科姆·格拉德威尔在《异类》一书中指出一条定律："人们眼中的天才之所以卓越非凡，并非天资超人一等，而是付出了持续不断的努力。1 万小时的锤炼是任何人从平凡变成世界级大师的必要条件。"他将此称为"1 万小时定律"。以此推算，如果每天工作 8 个小时，一周工作 5 天，那么成为一个领域的专家至少需要 5 年。比如，比尔·盖茨 13 岁时有机会接触到世界上最早的一批电脑终端机，开始学习计算机编程。当 7 年后，他创建微软公司时，已经连续练习了 7 年的程序设计，超过了 1 万小时。由于反复失败的打击，绝大部分人在忍受满 1 万小时的考验之前就已经放弃了。

很多时候，人和人的区别仅仅在于谁能在绝境中坚持得更久一些。

第六章　当我们谈找工作时，我们在谈些什么

一、小兔朱迪的梦想

2016 年有一只兔子风靡全球，它的形象深入人心，受到世界各地小朋友们的喜爱。这只兔子就是迪士尼动画片《疯狂动物城》里的主角朱迪。出生在小镇的兔子朱迪从小就立志要当一名惩恶扬善的刑警。朱迪克服重重困难，成功地从警校毕业。进入动物城警察局之后，朱迪才发现这里是大型食肉类动物的领地，作为唯一的小型食草类动物，它被分配的工作只是当交警贴罚单。然而，朱迪没有放弃自己的梦想，它凭借智慧和努力，继续在个人奋斗之路上一点点迈进，最终成为一名名副其实的刑警。

朱迪是一个非常典型的追逐职业梦想的范例。对于青少年来说，追逐职业梦想始终是一个核心的生命主题。奥地利心理学家弗洛伊德曾经说过：对于人类来讲，世界上最重要的只有爱情和工作。可见，工作是人类最基本的需要之一。这里所说的工作不是那种领取一份薪水养家糊口的责任，而是一种寄托人生理想、实现人生价值的使命。

美国心理学家马斯洛对工作的意义有非常透彻的认识。他认为人类的需要，按照层次结构组织而成。他把人类的需要分为五个层次，低层次的需要得到满足

之后,更高一层的需要才会凸显:最底部的是生理需要,这些需要对维持生命很重要,比如食物、水、氧气、睡眠,也有利于物种繁衍,比如性的需要。往上一层是安全需要,比如居住的地方、在门上加锁、长途旅行之前检查汽车轮胎。第三个层次是归属需要。人类是社会性物种,具有归属于群体的强烈需要,比如家庭、小团体、俱乐部、宗教。第四个水平是尊重需要。个体希望他人认为自己有能力、有才华、能获得成就。这种来自他人的尊重会转化为自尊,让我们感到自己有价值。最顶端的需要是自我实现需要,即发展个人潜能,成为自己想要成为的那种人。

从需要层次理论的角度看,工作显然满足了人类的多重需要。当一个人通过工作换取食物和住所的时候,满足了生存需要和安全需要。当他在团队中和伙伴协作时,满足了归属需要。当他的工作成就得到别人认可时,满足了尊重需要。当他在工作中充分发挥潜能时,满足了自我实现需要。

20 世纪 80 年代末到 90 年代初,随着东欧巨变,很多国营工厂不能再按时足额支付工人报酬,甚至根本没有报酬。但奇怪的是,许多工人继续有序地去工厂工作。一位心理学家对一个纺织品工厂的 200 名员工进行访谈,结果发现,除了获取经济报酬的第一诱因,还存在另一个工作诱因:为自我发展、自我实现提供机会。

这就是马斯洛所认识的"工作需要",也是小兔朱迪梦想的意义所在。

二、你还有别的选择

职业选择一直是让青少年和父母最纠结的问题之一。从事一项适合自己兴趣爱好、能充分发挥自己潜能的职业,是很多人终生梦寐以求却始终未能如愿的事。相比之下,那些找到理想职业的幸运儿真是令人羡慕。

今天,在中国大多数高校里都设有职业生涯规划中心或者提供职业生涯指导服务,主要通过培训讲座、个体咨询等形式给毕业生提供求职指导。回溯历史,职业生涯指导的滥觞可以追溯到 1908 年的美国。那一年,有个叫弗兰克·帕森斯的人在波士顿成立了波士顿职业局。波士顿职业局其实不是一个政府部门,而是一家专门为社会提供求职指导服务的机构。

帕森斯早年毕业于美国康奈尔大学工程专业。他曾写过几本关于社会改革运动的书,也发表过数篇关于女权、税收及教育方面的文章。他曾在公立学校教过数学、历史、法文,也干过铁路工程师。27 岁时,他通过律师考试,之后在多所大学的法学院任教。尽管从事过形形色色的工作,直到 1908 年 54 岁的时候,帕森斯才发现自己真正的兴趣是帮助他人做职业选择。波士顿职业局的开设不仅是帕森斯自己职业生涯的转折点,也开启了职业生涯辅导这门专业。不幸的是,帕森斯恰恰在这一年与世长辞。帕森斯死后被誉为"职业辅导之父",而他个人毕生寻找理想职业的过程也发人深省。

关于选择职业,美国职业生涯规划大师萨柏提出了一个"职业自我概念理论",即个体的自我概念在职业选择中发挥核心作用。个体主要在青少年时期开始构建职业自我概念。

根据研究结果,萨柏将职业生涯发展阶段划分为成长、试探、决定、保持、衰退五个阶段。

1. 成长阶段(出生至 14 岁):该阶段儿童开始发展自我概念,以各种不同的方式来表达自己的需要,经过对现实世界不断地尝试,修饰自己的角色。该阶段的任务是发展自我形象,发展对工作世界的正确态度,并了解工作的意义。这个阶段儿童先后以需要、喜好和能力作为选择工作的主要考虑因素。

2. 探索阶段(15 岁至 24 岁):该阶段的青少年通过学校经历、休闲活动、打零工等机会对自我能力及角色、职业做出探索,选择职业时有较大弹性。该阶段的任务是将职业偏好逐渐具体化、特定化并加以实现。

3. 建立阶段(25 岁至 44 岁):经过上一阶段的尝试,个体谋求变迁或做其他探索。该阶段的任务是确定属于自己的职业位置,统整、稳固并力求上进。如果发展顺利,在该阶段可以取得出色成绩并成为行业资深人士。

4. 维持阶段(45 岁至 65 岁)：个体继续维持属于自己的职业位置,也将面对来自新从业者的挑战。该阶段的任务是维持既有成就与地位。

5. 衰退阶段(65 岁以上)：由于生理及心理机能日渐衰退,个体不得不面对现实,从积极参与转向隐退。该阶段的任务是发展新的角色,寻求不同方式以替代和满足需求。

萨柏认为,每个阶段都有特定的发展任务需要完成,前一阶段发展任务的达成与否关系到后一阶段的发展。在每个阶段中,同样存在"成长、探索、建立、维持、衰退"的循环。比如,大学一年级的新生必须经过"成长"和"探索"阶段,适应新的角色和环境。一旦"建立"和"维持"了固定的适应模式,又开始面对下个阶段的任务——求职。

根据萨柏的模型,探索阶段是最具可塑性,同时也最具决定性的阶段。青少年在这个阶段先根据个人需要、兴趣、能力及机会做出暂时决定,并在幻想、讨论、课业及工作中加以尝试;然后他们可能进入就业市场或接受专业训练,将一般性选择转为更为特定的选择;最后,他们初步确定该选择成为长期职业的可能性。可见,在这个阶段,为在校青少年提供更多接触社会和职业实践的机会是非常重要的,对终生职业选择可能造成深远影响。

三、人格职业连连看

早在 1959 年,美国约翰·霍普金斯大学的心理学教授约翰·霍兰德就提出了"人职匹配理论"。霍兰德认为,个体的职业选择应该与他的人格特点相匹配。在他看来,个体一旦发现某种职业适合自己的人格特点,会更加喜欢这个职业,并且会在很长一段时间内甚至终身从事相应的工作,而那些认为自己的工作和自身人格特点不匹配的个体则不会这样做。

霍兰德总结了六种基本的人格类型：

1. 现实型：这类人体格健壮,善于采用务实的方法解决问题,但社交能力较差。他们最适合从事实践性职业，比如工人、农民、卡车司机以及建筑师等。

2. 研究型：这是一种概念和理论取向的人格类型，这类人喜欢思考，但很少付诸行动。他们经常回避人际交往的场合，最适合从事数学或自然科学研究。

3. 社会型：这类人具有较好的语言能力和人际交往能力。他们最适合在与人打交道的岗位上工作，比如教师、社会工作者、咨询师以及其他类似的职业。

4. 传统型：这类人厌恶没有组织的活动。他们最适合作为下属而工作，比如银行出纳、秘书以及档案管理员。

5. 领导型：这类人善于发挥自己的语言能力去领导和支配他人，善于向别人推销自己的观点或产品。他们最适合从事销售员、政治家以及经理等职业。

6. 艺术型：这类人喜欢用艺术表现形式来和外部世界交流，在很多场合下他们都会回避常规的人际交往情境。这些人倾向于从事艺术或与文字相关的职业。

依据霍兰德的"人职匹配理论"，还编制了《霍兰德职业兴趣测试（Self-Directed Search）》，力图通过性格分析的方式来解决职业选择这个难题。

这条思路引起了职业研究领域的广泛关注。比如，1927年，美国心理学家斯特朗编制了第一份职业兴趣量表，该量表内容涉及职业、学校科目、娱乐活动及人格类型各个方面。而1968年，专家坎贝尔对该问卷进行修订时，将霍兰德的六种人格类型理论吸纳其中，编制成沿用至今的《斯特朗—坎贝尔职业兴趣量表（Strong-Campbell Interest Inventory）》。该量表被广泛地应用于教育、升学指导、职业咨询中。它帮助人们了解自身特点和自己在群体中的相对位置。它也促进了教师、家长加深对学生及子女的兴趣的了解，从而提供更适宜的建议和指导。它还可以帮助企业领导了解员工，使工作安排更符合员工的兴趣特点，或帮助在职员工找到对工作不满的原因。

当代，"人职匹配理论"在职业指导领域仍然被广泛应用的另一个例子是炙手可热的《MBTI职业性格测试》。该量表由心理学家凯恩琳·布里格斯及其女儿伊莎贝尔·布里格斯·迈尔斯共同编制，MBTI即"迈尔斯—布里格斯类型指标"的英文缩写。MBTI根据瑞士心理学家荣格的人格划分类型,扩展成四个维度,即内倾—外倾、感觉—直觉、思维—情感、判断—理解。"内倾—外倾"指个体的关注点倾向于投注内在世界还是外在世界;"感觉—直觉"指个体倾向注重五感观察到的事实还是第六感觉提供的含义和结论;"思维—情感"指个体倾向理性还是感性;"判断—知觉"指个体倾向于计划条理还是开放变化。布里格斯和迈尔斯将四个维度组合成16种性格类型,对每一种性格类型均予以描述,并提供与之相匹配的职业建议。以ISTJ为例:

ISTJ型(内倾、感觉、思维、判断型)性格是严肃的、有责任心的和通情达理的社会坚定分子。他们值得信赖,重视承诺,工作缜密,讲求实际,很有头脑也很现实。他们具有很强的集中力、条理性、准确性。他们具有坚定不移、深思熟虑的思想,一旦他们着手运用自己相信的最好行动方法,就很难转变。他们适合的工作包括信息系统执行官、天文学家、数据库管理员、会计、房地产经纪人、侦探、行政主管、信用分析师。

MBTI声明16种职业性格没有优劣之分,也不能刻板地认定某种性格类型就一定适合某些职业。对于寻求职业指导的人来说,MBTI是一个便捷有力的工具,不仅方便个人的自我定位,也可以促进人际沟通。如果将应用重点放在职业规划、招聘甄选、岗位匹配度考量上,也可能带来不小的收获。

四、别忘了朝着远方

尽管"人职匹配理论"及其衍生的诸多量表测试可以提供关于职业选择的参考意见,但是萨柏所论述的青少年的职业探索阶段必须面对现实条件,在实践中完成。脱离现实生活体验,仅仅靠坐在电脑前面完成一份职业问卷而做出的职业选择,好比无源之水、无本之木。

除了性格特征,个体的职业选择也受到生活经历和多种环境因素的影响,比如社会经济条件、家庭、学校等。

一般来说,家庭具有中等收入和良好的教育背景,有助于青少年拥有更广泛的职业选择,可以从中选择并追求特定的职业类型。来自低收入家庭的青少年面临更多职业选择限制,诸如学校办学水平低下、缺乏实习机会、缺少接受职业培训的经济实力等障碍,会限制他们进入理想的职业领域。

父母自己所从事的工作对孩子也会产生强烈影响。孩子从小就可能对父母的工作耳濡目染,比如小时候跟着做砖瓦匠的爸爸盖房子或者陪着做教师的妈妈备课。父母对自己工作的自豪感会深深感染孩子,特定工作的价值感很容易在亲子之间传递。

家庭给孩子提供的体验不尽相同,经常陪孩子阅读、定期带孩子去图书馆或参观当地博物馆的父母传递的是更推崇理性和知识的价值观;经常带孩子参加体育活动、野营或旅行的父母传递的是更倡导体验和感觉的价值观。而父母对职业的价值观会更直接地影响青少年的职业选择。有的父母告诉孩子,上大学很重要,考取专业学位才有可能从事医生、律师、商人等理想职业。有的父母告诉孩子,学历并不重要,重要的是成为明星或者赚更多的钱。有的父母告诉孩子,在大公司大单位内获得一份稳定工作是最重要的。有的父母告诉孩子,提升个人职业能力成为一名专才才是当今社会的生存之道。孩子在不同的职业理念中浸润,势必会形成不同的职业理想。

有专家认为,亲子关系也会影响孩子的职业选择。如果父母温情而善解人意,子女更倾向于选择与人打交道的职业,比如销售和公关;如果经常接受父母的拒绝和冷漠态度,子女更可能选择那些不怎么需要高超社交技能的工作,比如会计或工程师。

学校(尤其是高校)是影响青少年职业选择的另一个重要因素。高校创设的环境使学生在学业成就和工作实践两方面能获得持续的自我发展。学校提供的一条龙职业教育体系,具有教学、指导、安排、联系等综合功能。在西方,中学和高校的生涯发展指导中心是工作非常务实的部门,帮助学生择校择业,制定短、中、长期发展规划,申请助学金和奖学金,组织学生进入大学和企事业参观访问,提供专业的职业建议。

青少年的职业选择在以上诸多因素的影响下逐步成熟,同时又受到个人实践经历的影响。谈到社会实践,比较常见的一个方式是做兼职。从街头发放广告到餐厅端盘子,从当家教到蛋糕店打工,城市里的学生身边有很多兼职机会。除了经济收入,很多青少年更看重的是从兼职工作中获得新的体验,包括社交体验、成就体验、自我实现的体验等。一个时装设计专业的学生可能找到一份在时装专柜做导购的兼职,获得和形形色色顾客面对面交谈的机会,同时可以对服装陈列提供个人建议,这是做微商和运营网店无法得到的收获。一个师范专业的学生也可以从家教经历中了解授课所需的耐心和灵活性。很多社会公益工作和志愿者服务也为青少年提供了类似的接触和尝试机会。

兼职工作可以帮助青少年学会如何更好地和成年人相处,理解商业活动的运作方式,学会如何获取并保持一份工作以及如何理财,还可以帮助他们学会规划时间,对自己的目标进行评估,并以获取成就感为荣。

然而,在决定做兼职之前,对实际情况做出慎重评估是必要的。青少年从事的兼职工作很多带有机械性和重复性,较少具有挑战性,并不能带来职业能力成长。兼职工作要求青少年放弃参加体育运动、同伴社交,甚至要求牺牲睡眠。有时候,兼职工作会影响正常的上课出勤,压缩学生的学习和备考时间,也可能损害青少年对学校和家庭的归属感。

在大学里,获得实践机会的另一条可行之道是推行合作教育,鼓励大学生从事与其所学专业领域相关的日常兼职或假期兼职工作。在美国,上千所高校开展了合作教育计划,该计划主要关注大学生感兴趣的职业,提供一种带薪的"学徒制"教育。在中国,不少高校学院正在努力谋求与对口企事业单位合作,在企事业单位建立实习基地，打造与学科专业贴合的兼职平台，为大学生提供带薪实习岗位。

还有一类职业选择，完全是在个人爱好和特长的基础上发展出来的。

比如，《三国杀》是国内一款热门的桌游，深受年轻人欢迎。它最初的设计者黄恺自幼喜爱游戏，但他并不满足于既有规则，经常自己加以改造。2006年，在北京就读中国传媒大学期间，黄恺去西直门附近的一家桌游吧玩桌游，萌生了创造中国人自己的桌游的想法。他尝试将美国桌游 BANG 与在中国有着广泛群众基础的三国人物结合，制作出《三国杀》游戏的雏形。2008年，黄恺与朋友凑钱生产出第一批《三国杀》游戏的正式产品。2009年，《三国杀》被边锋集团收购，推出网页游戏。手游兴起后，又推出手游平台。历经数年开发升级，截至2016年，《三国杀》的累积用户已经达到2亿。

又如，资深媒体人罗振宇于2012年推出的自媒体视频脱口秀《罗辑思维》，是其基于对媒体业未来发展趋势的判断而进行的一次先锋试验。《罗辑思维》的基本元素只有很简单的两点：口才与知识。当罗振宇的个人风格鲜明的口头表达配合巨大的阅读体量，就形成了一个优质的互联网自媒体品牌。

因此，无论外在环境能提供多少实践和尝试的机会，家庭、学校、社会能给予多少教育和指导，对个体来说，生涯发展永远是一个需要自我摸索的漫长过程，充满未知，也不可能有现成的答案。在职业选择中总是并存着紧张与兴奋、迷茫与期待、徘徊与探索、怀疑与坚持。踏出大学校门的一刻意味着告别，也预示着新的开始。

就像一位大学学子创作的毕业歌中所唱：

从未有过人

来给我们讲

哪里有我们一路内心想要的悠扬

城市满目琳琅

把夜空擦亮

徘徊的眼里却写满不具名的恐慌

······

不知道过完今天

我们身在何方

在转角路口背负各自远走的行囊

······

不知道过完今天

是否行色匆忙

在转角路口别忘了你曾朝着远方

······

　　跋涉所向的远方,不仅是一条职业梦想之路,也是一条认识自我的人生之路。
这条路也许宽,也许窄,路上也许结伴而行,也许形单影只。唯一确定的是,随着
自我认识的加深,我们展望的那个远方必将越发清晰、越发触手可及。